藝　文　叢　刊

絲繡筆記

朱啟鈐

浙江人民美術出版社

圖書在版編目(CIP)數據

絲繡筆記 / 朱啟鈐著; 虞曉白點校. -- 杭州: 浙江人民美術出版社, 2019.3
（藝文叢刊）
ISBN 978-7-5340-7205-5

Ⅰ.①絲… Ⅱ.①朱… ②虞… Ⅲ.①絲織物－研究－中國 Ⅳ. ①TS146

中國版本圖書館CIP數據核字(2018)第267587號

絲繡筆記
朱啟鈐 著　虞曉白 點校

責任編輯：余雅汝
責任校對：霍西勝
整體設計：傅笛揚
責任印製：陳柏榮

出版發行　浙江人民美術出版社
　　　　　(杭州市體育場路347號)
網　　址　http://mss.zjcb.com
經　　銷　全國各地新華書店
製　　版　浙江時代出版服務有限公司
印　　刷　浙江海虹彩色印務有限公司
版　　次　2019年3月第1版・第1次印刷
開　　本　787mm×1092mm　1/32
印　　張　6.5
字　　數　110千字
書　　號　ISBN 978-7-5340-7205-5
定　　價　39.00圓

點校説明

朱啟鈐（一八七一——一九六四），政治家、實業家、古建築學家、工藝美術家。又名啟綸，字桂辛、桂莘，號蠖園，貴州紫江（今開陽）人。清末曾任京師大學堂譯學館監督、京師内外城巡警廳廳丞、蒙古事務督辦等職。北洋政府時代，曾任交通總長、内務總長、代理國務總理等職。一九一九年，退出政界，經營實業。一九三〇年，組織中國營造學社，自任社長，從事古建築研究。一九四九年後，供職於中央文史館，並任古代文物修整所顧問。

朱氏雅好收藏，凡文物古器無所不藏，其中尤以緙絲繡品爲大宗，被譽爲「中國緙絲收藏第一人」。撰著有《存素堂絲繡録》、《清内府刻絲繡綫書畫考》、《女紅傳徵略》、《絲繡筆記》、《漆書》、《芋香録詩》等。

《絲繡筆記》共二卷，上卷「紀聞」，記載絲繡之起源、物産、技法、官匠制度等；下卷「辨物」，記録歷代之實物、私家收藏絲繡書畫之題跋等。兩卷均以織成、錦綾、刻絲、刺繡等爲主要研究對象，從歷代文人筆記、史書和地方誌書等中外文獻中甄採有關資料，各從其類，排比列次。該書上自魏晋，下逮民國，内容廣博，體例恰當，是研究中國傳統絲織物的工具書，也是研究中國古代政治、經濟、歷史的珍貴資料。

《絲繡筆記》首次成書於一九三〇年。一九三三年，因所輯又見繁博，故作增補，由闞澤無冰閣重印。本次出版，即以一九七〇年臺灣廣文書局影印無冰閣增補本爲底本，加以標點整理。本書主要爲輯録歷代文獻而成，因而間核原書，對部分差錯予以改正。因學識有限，加之時間倉促，書中訛誤在所難免，懇望讀者朋友批評指正。

目録

絲繡筆記卷下 …… 一〇七

識語

刻絲繡綫固是女紅，而典章制度所關更鉅，推而至於輿服儀衛及官匠禁令，無一不與國史相通，絶非玩物喪志之比。世人但見絲繡器服，一鱗一爪，震其絢爛，遂侈然以研究美術自詡，殊不知國計民生由來已舊，數典者詎可以忘祖耶！

紫江朱先生，撰《存素堂絲繡録》既竟，又輯録清内府藏品，成刻絲、繡綫兩《書畫録》，及《女紅傳徵略》，更取平日鈔纂所得一切資料，舉以付鐸，屬爲理董。乃觸類旁通，大加甄採，以長編之體裁，仿劄記之義例，成《絲繡筆記》兩巨卷。庚午之夏曾付校印，閲時未幾，存者已僅；比年所涉獵，又有所得；四方知友，更迭寄示，視曩時所輯，又見繁博，乃重別編印，以諗同好。昔劉子駿《漢書》百卷，其班孟堅所不取者，二萬餘言，葛稚川輯爲《西京雜記》，後人讀之，殆與班書同等。兹所輯録，雖近糟粕，然以享帚言之，猶是子駿《漢書》，尚不甘自承爲《西京雜記》也。

此書上卷紀聞，下卷辨物。紀聞，紀歷代絲繡之制度也，官工之沿革，藝術名物之變遷；辨物，紀歷代之實物，及絲繡兩《書畫録》未收之私家收藏絲繡書畫之題跋，均分錦綾、織成、刻絲、刺繡等，各從其類，連《女紅傳》、《書畫録》、《絲繡録》，共爲《絲繡叢刊》，罣漏固所不免，但綜合觀之，倘亦有足供參考者歟！再閱歲時，或更有所附益，糾謬補亡，是所望於讀者。癸酉十一月，合肥闞澤。

絲繡筆記卷上

紀聞一　錦綾羅紗綢絹附

錦始於堯時

宋高承《事物紀原》：「《拾遺記》：員嶠山環丘有冰蠶，霜雪覆之，然後成繭。其色五采，唐堯之海人織錦以獻。後代效之，染五色絲，織以爲錦。《丹陽記》曰：歷代未有錦而成都獨精妙，蓋始見於蜀記也。蜀自秦昭王時通中國，而三代已有錦，見於《禮》，多王嘉所記爲近之。」

按，《廣輿記》，成都府城南有錦江，一名汶江，織錦濯此則鮮麗，其地曰錦里，其城曰錦官城。又《御覽·布帛部》引《丹陽記》：鬥場錦署平關，右遷其百工也。江東歷代尚未有錦，而成都獨稱妙，故三國時魏則市於蜀，而吴亦資西道云云。蓋春秋時蜀未通中國，鄭、衛、齊、魯無不産錦，皆《禹貢》兖州「厥篚織文」之地。自蜀通中原而織事西漸，魏晋以來蜀錦勃興，幾欲奪襄邑之席。於是襄邑乃一變而營織成，遂使錦綾專爲蜀有。

三代兖州之産錦

《太平御覽》引《太公六韜》：夏桀殷紂之時，婦人錦繡文綺之坐席，衣以綾紈，常三百人。

又，《范子計然》曰：錦大丈，出陳留。

又，《穆天子傳》：吉日甲子，天子乃執白珪、玄璧以見西王母，好獻錦組百純。西王母再拜受之

《左傳》閔二年：衛遷於曹，齊桓公歸夫人魚軒，重錦二十兩。

又，襄三年：公享晋六卿於蒲圃，賄荀偃束錦、加璧。

又，昭四年：衛人使屠伯饋叔向羹與一篋錦。平丘之會，公不與盟。晋人執季孫意如，以幕蒙之，使狄人守之。司鐸射懷錦，奉壺飲冰，以匍匐焉。守者御之，乃

與之錦而入。

又，昭六年：齊侯將納公，命無受魯貨。申豐從女賈，以幣錦二兩，縛一如瑱。

漢襄邑織錦

《論衡·栓材篇》：齊郡世刺繡，恒女無不能。襄邑俗織錦，鈍婦無不巧。日見之，日爲之，手狎也。

又刺繡之師，能縫帷裳；納縷之工，不能織錦。儒生能爲文吏之事，文吏不能立儒生之學。

《古今圖書集成·食貨典·錦部雜録三》引《陳留風俗傳》：襄邑縣南有涣水，北有睢水。傳曰：睢涣之間文章，故有黼黻藻錦、日月華蟲，以奉天子宗廟御服焉。

魏世綾機之改定

《魏志·杜夔傳》注：時有扶風馬鈞，巧思絶世。傅玄序之曰：馬先生，天下之名巧也。爲博士，居貧，乃思綾機之變，不言而世人知其巧矣。舊綾機五十綜者五十躡，六十綜者六十躡，先生患其喪功費日，乃皆易以十二躡。其素文異變，因感而作者，猶自然之成形，陰陽之無窮。

按，《圖書集成·織工紀事》引《福州府志》：閩緞機故用五層，宏治間有林洪者工杼軸，謂吴中多重錦，閩織不逮，遂改機爲四層，名爲改機。

魏晋以來絹布制度

《魏書·食貨志》：舊制，民間所織絹布，皆幅廣二尺二寸，長四十尺爲一匹，六十尺爲一端。令任服用，後乃漸至濫惡，不依尺度。高祖延興三年秋七月，更立嚴制，令一準前式，違者罪各有差。有司不檢，察與同罪。

又，孝静時，諸州調絹不依舊式，齊獻武王以其害民，興和三年冬，請班海内，悉以四十尺爲度，天下利焉。

《晋書·石勒載記》：勒僞稱趙王，令公私行錢，而人情不樂，乃出公絹市錢，限中絹匹一千二百，下絹八百。然百姓私買中絹四千，下絹二千。巧利者賤買私錢，貴賣於官，坐死者數人，而錢終不行。

《古今圖書集成·食貨典·絹部記事四》：四王起事，張方移惠帝於長安。兵入内殿取物，人持調御絹二匹。幅自魏晋之積，將百餘萬匹，三日撻之，尚不缺角。《演繁露·唐志》：租絹長四丈二尺。

唐時越人織法自北地傳來

唐李肇《國史補》：初，越人不工機杼。薛兼訓爲江東節制，乃募軍中未有室者，厚給貨幣，密令北地娶織婦以歸，歲得數百人。由是越俗大化，競添花様，綾紗妙稱江左矣。

唐諸州貢綾綢紗羅及紵布

明顧起元《客座贅語》記潤州貢云：唐貢賦，金陵曰潤州，調火蔴，貢方碁水波綾。今吴綾以松江爲上，杭次之。而考唐貢綾，多州，亦多品。如僊、滑二州方紋綾，豫州瀏鶒、雙絲綾，兖州鏡花綾，青州仙紋綾，定州兩窠綾，幽州范陽綾，定州綾，荆州方穀紋綾，隨州綾，澧州龜子綾，閬州重蓮綾，越州吴綾，梓州、遂州樗蒲綾，或以地，或以花様，多在西北。而其綢貢，則汝、陝、潁、徐、定、洺、博、魏、恒、璧、巴、蓬、通、忠、渠、簡等十六州。紗則相州。羅則益、蜀二州單絲羅，恒州春羅、孔雀等羅。其紵布之類，則勝、銀等州女稽布，齊州絲葛，泗水貲布，海州楚布，隰、石二胡女布，邢州絲布，荆州交梭縠子，鄧、利、果等州絲布，郢、復、開等州白紵，歸州紵麻布，洋州白交梭，涪州連頭□布，渝、峽、隨等州葛，襄州白縠白綸巾，巴州蘭干布，房州紵，凉州毾布，揚州細紵，廬州交梭熟絲布，申、光二州絺綌，楚州孔雀布，和州紵綀，滁、沔二州麻貲布，蘄、舒二州白紵布，黄州紵貲布，安州青紵布，壽州葛布，常州紫綸巾，蘇州紅綸布，杭、越二州白編，睦、越二州交梭，建州花綀，洪、撫、江、潭、永五州葛，朗州紵綀，常、湖、歙、宣、虔、吉、袁、岳、道等州白紵布，宣州綺，南州班布，彭州交梭，漢州紵布、彌牟布，綿州雙紃，戎、普、瀘等州葛，卬、建、嶲等州絲布，連州細布，振州班布，端州蕉布，福州、安南及潮州蕉布，韶州竹布。絹則唐所在有之，不具載。今海内土產比唐相懸，第葛之所出不甚遠，以地所生就而織紝故耳。綾帛之細者，紋帛也，或謂之綺羅。帛之美者，意取罟鳥之意。紗，縳屬，輕曰紗。綀，音疏，綌屬。紵，苧屬，白而細疏者。紵，俗作苧，今謂段曰紵，或劣言之也。綺，細綾也。綸，青絲綬。它無解。有白綸巾，似布之輕細者。交梭，亦布類，以其功名之。

宋職貢之錦綺綾羅花紗及綢絹

《宋史·食貨志》：紹興元年，江、浙、湖北夔路歲額綢三十九萬匹。江南、川、廣、湖南、兩浙絹二百七十三萬匹。東川、湖南綾羅絁七萬匹，西川、廣西布七十七萬匹，成都錦綺千八百餘匹，皆有奇。

又明道中，減兩蜀歲輸錦綺、綾羅、透背、花紗三之二，命改織綢絹以助軍。

宋莊綽《雞肋編》卷上：單州成武縣織薄縑，脩廣合於官度，而重才百銖，望之如霧。著故浣之，亦不疏紕。鄢陵有一種絹，幅甚狹而光密。蠶出獨早，舊嘗端午充貢。涇州雖小兒皆能撚茸毛爲綫，織方勝花一匹，重祇十四兩者。宣和間，一匹鐵錢至四百千。邠、寧州出綿綢。蘇州以黄草心織布，色白而細，幾若羅縠。越州尼皆善織，謂之寺綾者，乃北方隔織耳，名著天下。婺州紅邊貢羅、東陽花羅，皆不減東北，但絲縷中細，不可與無極、臨棣等比也。

宋織作之尺度

宋洪邁《容齋三筆》卷一：周顯德三年敕：舊制，織造絁綢、絹布、綾羅、錦綺、紗縠等幅，闊二尺起，來年後並須及二尺五分。宜令諸道州府，來年所納官絹，每匹須及一十二兩；其絁紬祇要夾密停勻，不定斤兩。其納官紬絹，依舊長四十二尺。乃知今之税絹尺度、長短、闊狹，斤兩、輕重，頗本于此。

宋端與匹之不同

《容齋五筆》卷一：今人謂縑帛一匹爲壹端，或總言端匹。案，《左傳》「幣錦二兩」，注云：「二丈爲一端，二端爲一兩，所謂匹也。二兩，二匹也。」然則以端爲匹，非矣。《湘山野録》載：夏英公鎮襄陽，遇大禮赦恩，賜致仕官束帛，以絹十匹與胡旦。旦笑曰：奉還五匹，請檢《韓詩外傳》及諸儒韓康伯等所解「束帛戔戔」之義，自可見證。英公檢之，果見三代束帛束脩之制。若束帛，則卷其帛爲二端，五匹遂見十端，正合此説也。然《周易正義》及王弼注，《韓詩外傳》皆無其語。文瑩多妄誕，不足取信。按，《春秋公羊傳》「乘馬束帛」注云：「束帛謂玄三纁二，玄三法天，纁二法地。」若文瑩以此爲證，猶之可也。

宋戲龍羅

《容齋四筆》卷二：李德裕爲浙西觀察使，穆宗詔索盤條繚綾千匹。德裕奏言：立鵝天馬，盤條掬豹，文彩怪麗，惟乘輿當御。今廣用千匹，臣所未諭。優詔爲停。崇寧間，中使持御札至成都，令轉運司織戲龍羅二千，繡旗五百。副使何常奏：旗者，軍國之用，敢不奉詔？戲龍羅唯供御服，日衣一匹，歲不過三百有奇，今乃數倍，無益也。詔獎其言，爲減四之三。以二事觀之，人臣進言於君，切而不訐，蓋無有不聽者。何常所論，甚與德裕相類云。

按，宋周煇《清波别志》卷中，記崇寧間委成都漕何常造戲龍羅事，謂常京兆人，字子麟，官至顯謨閣待制。

宋輕容方空紗

宋周密《齊東野語》：紗之至輕者，有所謂輕容，出《唐類苑》云：「輕容，無花薄紗也。」王建《宫詞》云：「嫌羅不著愛輕容。」元微之有寄白樂天白輕容，樂天製而爲衣。而詩中「容」字，乃爲流俗妄改爲「庸」，又作「褣」，蓋不知其所出。《元豐九域志》「越州歲貢輕容紗五匹」，是也。又有所謂方空者，《漢元帝紀》「罷齊三服官」，注云：「春獻冠幘，縱爲首服，紈素爲冬服，輕綃爲夏服，凡三。」師古曰：「縱與纚同音，山爾反，即今之方目紗也。」又後漢建初二年，詔齊相省冰紈、方空縠、吹綸絮。紈，素也。冰言色鮮潔如冰。《釋名》曰：縠，紗。方空紗，薄如空也。或曰：空，孔也，即今之方目紗也。綸如絮而細，吹者言吹嘘可成此紗也。荆公詩云「春衫猶未著方空」者是也。二紗名，世少知，故表出之。

按，《圖書集成・考工典・織工部》引《蘇州府志》：邵城之東，皆習機業，織文曰緞，方空曰紗，工匠各有專能。匠有常主，計日受直，有他故則喚無主之匠代之，曰喚找云云。現在吴人猶以紗緞名其業。

南宋絲品之物産

《夢粱録》卷十八《物産・絲之品》：綾，柿蔕、狗蹄、羅花素、結羅、熟羅、綫住。錦，内司街坊以绒背爲佳。剋絲，花、素兩種。杜緙，又名起綫。鹿胎，次名透背，皆花紋特起，色樣織造不一。紵絲，染絲所織諸顔色者，有織金、閃褐、閑道等類。紗，素紗、天浄、三法暗花紗、粟地紗、茸紗。絹，官機、杜村唐絹，幅闊者，書畫家多用之。綿，以臨安於潛白而細密者佳。綢，有綿綫織者，土人貴之。

南宋對金禮物所用匹物

宋周必大《親征録》：聞泛使禮物，例用金器二千兩，銀器二萬，合千具，腦子、龍涎、心字香、丁香各二合之類。匹物二千。綿撚、金茸背，以上各二百；綫羅、樗綫、緊絲蒲綾、清絲綾，以上各四百。

又《思陵録》：丙戌，旬休。國信所申金國祭奠金器二百兩，銀器二千兩，匹物四千匹，清平内製三百，羅、綾、紗各五百，錦一百，紽尼一百，絹二千，吊慰匹物四千匹。

宋周煇《清波雜志》卷六：顯仁上仙遣使告哀北境，並致遺留禮物，内有青紅撚金錦二百匹。

金改造殿庭陳設之錦工

《金史·張汝霖傳》：初，章宗新即位，有司言改造殿庭諸陳設物，日用錦工一千二百人，二年畢事。帝以多費，意輟造。汝霖曰：此非上服用，未爲過侈。將來外國朝會，殿宇壯觀，亦國體也。其後奢用漸廣，蓋汝霖有以導之。

元初服用紵絲金綫

《黑韃事略》：其服右衽而方領，舊以氈毳革，新以紵絲金綫，色以紅紫紺緑，紋以日月、龍鳳，無貴賤等差。

元綜綫機張料例

《元典章》卷五十八：至元十年月日，袁州路申奉到江西行省劄付：坐到機張綜綫合用絲綫料例，仰更爲照勘，如無重冒，依例收支造作施行。

熟機，每張用泛子一十二片，每片用熟綫一兩七錢五分。

花機，每張用熟綫一十五兩二錢八分二釐二毫五絲：過綫，每副用熟綫二兩九錢五分；墜綫，每副用熟綫四兩五分四釐。

雲肩欄袖機一張，用熟綫七斤三兩二錢：花渠一付，用熟綫一斤一十二兩六錢；大花渠八板，用熟綫一十三兩六錢；小花渠六板，用熟綫一十五兩。

直綫，用熟綫四斤一十兩；大花直綫八板，每板用熟綫六兩五錢；小花直綫六板，每板用熟綫三兩。

過綫：大花過綫八板，每板用熟綫一兩二錢；小花過綫六板，每板用熟綫六錢。

元類絲吐絲價

《元典章》卷五十八：大德五年三月十日，江西行省：

據江州路申：匠户蘇德遠告，本路大德三年得到類吐絲數坐下價錢，類絲每斤中統鈔五兩六錢，吐絲每斤中統鈔一兩，每依龍興路價錢類絲每斤中統鈔三兩二錢、吐絲每斤中統鈔八錢回易還官等事。得此。照得先准中書省咨一款該：周歲額造緞匹，合有吐類變絲賣作鈔，以十分價錢内，除留八分修理局院機張，餘者二分準備年終打算人吏、紙劄、燈油支用。若有銷用不盡數目納官。送工部：照得腹裏局院修補、機張什物、風雨簾箔、人匠夜坐燈油柴炭、行移文字紙劄，自初俱於脚亂絲内公支，收買用度。至元二十五年，尚書省不准支破，盡行追徵，勒令人匠梯己出備。擬自至元二十一年爲始，各局合有脚亂絲數，照依舊例從實用度，年終考較，若有銷用不盡數目，拘收納官，庶免逼迫匠人生受。本部參詳：行省吐亂絲即與腹裏一體，若依已擬，從公支破銷用，不盡之數納官相應。都省准呈。已經遍下各路，依上施行去訖。今據見申，省府相度：各處局分類吐絲價，即係在先各路匠申。即目絲價高昂，若不定擬歸一變賣，慮恐其間虧官作弊。今擬依本路元申類吐絲價，行下各路，自大德五年爲始，變賣作鈔，依例施行。外，仰依上施行。

類絲，每斤中統鈔四兩八錢。吐絲，每斤中統鈔八錢。

元選買細絲事理

《元典章》卷五十八：大德五年十月，湖廣行省准中書省咨：

近據工部呈：江浙行省局院造到大德四年夏季緞匹，數内辨驗出粗纇低歹不堪三千八百餘段，已經發回本省取問數提調官並局官，及勒令回易，自備工價賠償去訖。照得織造緞匹，全藉正絲爲本，其次上等顏色，監責手高人匠打絡、變染、織造，必無低歹。近年以來，各處局院凡關絲貨，雖令選擇上等細絲，其收差庫官止是挨陳放支，不令揀選，及有折耗斤重。又知得各處行省和買絲貨去處，官府上下、權豪勢要之家，私下賤買不堪絲料，逼勒交收，高抬時估，取要厚利，和中入官，以致所造緞匹低歹。若不嚴行禁治，深爲未便。都省議得：今後局院合關正絲，須要各路官司預爲遍曉人户，令依鄉原例，趁時抽繰冷盆上等細絲納官，庫官另行收頓，以備選揀關發。行省和買絲料，省官一員提調，監勒深知造作人員辨驗上好細絲，兩平收買，毋致泛濫。仍照依累行事理，設法拘鈐當該局官人等如法織造，務要堪好。如官府上下、權豪勢要之家，似前私下攬納，事發到官，痛行追斷。除已劄付御史臺體察外，咨請依上施行。

元緞匹斤重

《元典章》卷五十八：大德七年十二月初二日，江西行省准中書省咨：

近爲各處行省並腹裏路分，解到諸王、百官常課金素緞匹，雖稱委員辨驗堪中，別無開封該各斤重料例，不見有無短少絍綫。省會工部，今後應收緞匹，依例秤盤比料，開具實收斤重呈省作收。去後，回呈：「除腹裏路分就行照會外，據行省，宜從都省移咨，依上施行。具呈照詳。」都省除外，咨請照驗，今後令各處提調官、督責局官人等，親臨監視人匠，如法織造無粉糨、匀密、造就堪好緞匹，開具各各斤重料例，解納施行。

元緞匹折耗准除

《元典章》卷五十八：至元二十三年九月，江西行省：近爲織造緞匹内，紵絲六托，每用正絲四十兩，得生净絲三十六兩；八托，用正絲五十三兩，得生净絲四十七兩七錢。別無餘豁續頭剪接、折耗紝綫體例。移准都省咨該：「送工部，照勘到織造緞匹續頭剪接、折耗體例，依數准除相應，仰照驗施行。」

八托，每緞折一兩；六托，每緞折七錢。

元講究織造緞匹

《元典章》卷五十八：元貞元年二月，中書省：照得至元三十一年六月初九日，暗都剌參政、魯兒火者尚書奉聖旨：「在先，老皇后在時節，諸王的常課段七八托家，更寬好有來。如今更短窄歹了有，則你提調整治者。」聖旨了也。欽此。劄付工部、將作院，講究到造作緞匹不便合行更張事件，於十一月二十六日奏過下項，都省除外，咨請欽依施行。

一件：江南在先七萬匹六托的常課緞子織造有來。於的尚書省官人每「一萬匹交依舊織造，八萬匹交做五托半，和買紵絲呵，增餘二萬匹緞子」麽道，交那般行來。如今俺商量得，用著和買緞子呵，和買也者，則依在先體例裏交織六托常課緞子呵，怎生？奏呵，「那般者。」聖旨了也。

一：織造緞匹的絲，分付與匠人打絡時分，脚亂絲等十分中一分折耗，自前至今數目裏除賠有來。尚書省官人每忻都等：「折算折耗的不合除破，合追賠織造絲綢用度。」上位奏了，交那般行來。他每勾當時分，也不曾追得完備，俺也不曾追得盡。雖有些小追不盡的，不成用，空打算，做了拖欠有。工部官人每理會的每說有：「十分中一分折耗的，是自前立起定的體例有來。修理機張等用的什物，也那裏頭破出有。匠人每些小費用了的，也不無也者。則交依著在先體例裏行呵，怎生？」奏呵，「那般者。」聖旨了也。

一件：一匹紗十兩絲，一匹羅一斤絲物料，是自在先立定的有來。前省官人每一匹紗交做八兩，一匹羅交做十三兩。如今工部官人並管匠頭目等說稱：「比及打絡過，折耗了，不勾有。依在先的體例裏行呵，怎生？」説有。俺商量來，依著他每的言語行呵，怎生？奏呵，「少與呵，不宜，與到者。」聖旨了也。

一件：各處有的匠人每裏頭，與民一體差夫有。「不交差呵，怎生？」工部官人每説有。俺商量來，和雇和買，依軍站體例當者。局院裏造作的匠人每裏頭，依著他每的言語，不交差夫呵，怎生？奏呵，「那般者。」聖旨了也。

一件：爲分揀應有造作生活好歹，體覆絲料盡實使用不使用的、更官司和買的呵，估計價鈔上，先立著覆實司衙门來。在後尚書省官人每説：「用著的衙门有，俺的主事等人每裏減了，交那俸錢立覆實司衙門呵。」工部、户部裏餘剩的人每裏頭減了，立覆有司呵，怎生？奏呵，「那般者。」聖旨了也。欽此。

歷代絲繡官匠之制度

漢制 《三輔黄圖》：織室，在未央宫。又有東西織室，織作文繡郊廟之服，有令史。暴室，主掖庭織作染練之署，謂之暴室，取暴曬爲名耳，有嗇夫官屬。

《後漢書·百官志》：考工令一人，六百石。本注曰：主織綬諸雜工。左右丞各一人。注：漢官曰員吏百九人。

隋制 《隋書・百官志》：太府寺統左、中、右三尚方，中尚方又別領定州綢綾局。

唐制 《唐書・百官志》：少府監掌百工技巧之政，總中尚、左尚、右尚織染，掌冶五署及諸冶鑄錢、互市等監，供天子器御、后妃服飾及郊廟圭玉、百官儀物，凡武庫袍襦，皆識其輕重乃藏之。武德初，廢監，以諸署隸太府寺。武后垂拱元年日，尚方監內有綾錦坊巧兒三百六十五人，內作使綾匠八十三人，掖庭綾匠百五十人，內作巧兒四十二人。又織染署，令一人，正八品上；丞二人，正九品上：掌供冠冕、組綬及織紝、色染。錦、羅、紗、縠、綾、紬、絁、絹、布皆廣尺有八寸，四丈爲匹。布五丈爲端，綿六兩爲屯，絲五兩爲絇，麻三斤爲綟。凡綾錦文織，禁示於外。高品一人專涖之，歲奏用度及所織。每掖庭經錦，則給羊。七月七日，祭杼。監作六人。有府六人，史十四人，典事十一人，掌固五人。

《唐六典》卷二十二：織染署，令一人，正八品上。注：《周官》九職，嬪婦化理絲枲。《考工記》：理絲麻而成之，謂之婦功。漢少府屬官有東織、西織。成帝河平元年，省東織，更名西織曰織室。後漢有織室丞一人，此後無聞。北齊中尚方領涇州、雍州絲局丞，定州綢綾局丞。後周有司織下大夫一人，掌凡機材之工。隋煬帝置司織署令丞，後與司染署併爲織染署。《周禮·天官》有染人掌染絲帛。凡染，春暴練，夏纁玄。《冬官》有設色之工五，謂畫、繪、鍾、筐、㡛也。韋昭辨《釋名》云：平準令主染，有常平之法，故準而酌之。兩漢並隸司農。晋平準令有監染吏六人，初隸司農，後屬少府。宋順帝名準，始改曰染署令，齊復爲平準令，梁、陳爲平水令。北齊太府寺有司染署，長秋寺有染局丞。後周有染工上士一人，又有司色下大夫一人。隋初有司染署，隸太府寺，煬帝分屬少府。大業五年，合司織、司染爲織染署，令二人。皇朝置一人，丞二人，正九品上。注：漢魏已來，並具於本署。隋並司織、司染爲一署，丞四人。皇朝因之，置二人，監作六人，從九品下。

又，織染署令，掌供天子、皇太子及群臣之冠冕，辨其制度而供其職務。丞爲之貳。天子之冠二：一曰通天冠，二曰翼善冠。冕六：一曰大裘冕，二曰兗冕，三曰鷩冕，四曰毳冕，五曰絺冕，六曰玄冕。弁二：一曰武弁，二曰皮弁。幘二：一曰黑介幘，二曰平巾幘。衮帽一，曰白紗帽。太子之冠三：一曰三梁冠，二曰遠遊冠，三曰進德冠。冕二：一曰袞冕，二曰玄冕。弁一，曰皮弁。幘一，曰平巾幘。臣下之冠五：一曰遠遊冠，二曰進賢冠，三曰獬豸冠，四曰高山冠，五曰却非冠。冕五：一曰袞冕，二曰鷩冕，三曰毳冕，四曰絺冕，五曰玄冕。弁二：一曰爵弁，二曰武弁。幘三：一曰介幘，二曰平巾幘，三曰平巾緑幘。凡織紝之作有十：一曰布，二曰絹，三曰絁，四曰紗，五曰綾，六曰羅，七曰錦，八曰綺，九曰繝，十曰褐。組綬之作有五：一曰組，二曰綬，三曰絛，四曰繩，五曰纓。紬綫之作有四：一曰紬，二曰綫，三曰紘，四曰網。練染之作有六：一曰青，二曰絳，三曰黄，四曰白，五曰皂，六曰紫。凡染，大抵以草木而成，有以花葉，有以莖實，有以根皮，出有方土，採以時月，皆率其屬而修其職焉。

宋制 《宋史·職官志》：工部所屬有文思院，掌金銀、犀玉工巧及采繪、裝鈿之飾。凡儀物、器仗、權量、輿服以供上方、給百司者出焉。文繡院掌纂繡，以供乘輿、服御及賓客、祭祀之用。又少府監綾錦院，掌織紝錦繡以供乘輿，凡服飾之用。

金制 《金史·百官志》：少府監所屬有文繡署，掌繡造御用並妃嬪等服飾。織染署掌織紝、色染諸供御及宫中錦綺、幣帛、紗縠。

元制　《元史·百官志》：諸司局人匠總管府所屬有大都染局，管人匠六千有三户。又大都人匠總管府所屬有繡局，掌繡造諸王、百官段匹。紋錦總院掌織諸王、百官段匹。涿州羅局掌織造紗羅段匹。又織染人匠提舉司，又大都等處織染提舉司，管何難答王位下人匠一千三百九十八户。又撒答剌欺提舉司所屬有別失八里局，掌織造御用領袖納失失等段。又織染提舉司，則有晋甯路、冀甯路、南宫中山、雲州、宣德府五處。織染局則有深州、雲内州、大同、恩州、保定、大甯路、順德路、彰德路、懷慶路、東聖州、陽門天城十一處。又真定路紗羅兼雜造局，又納失失毛段二局，又永平路紋錦等局，均隸於工部。

按，《輟耕録》：元大内有針綫殿，在寢殿後。周廡一百七十二間，四隅角樓四間。侍女直廬五所，在針綫殿後。又有侍女室七十二間，在直廬後。及左右浴室一區，在宫垣東北隅。又元公宇所列各衙署内，工部匠屬，有紋繡總院及繡局、織染局；又徽政院竹匠屬，有織染雜造人匠總管府，及綾錦局、織染局、文綺局；中尚監所屬，有大都等路種田人匠織染局；將作院所屬，有異様紋繡兩局、綾錦織染兩局。

明制　《明史·百官志》：工部所屬，有針工局及織染所。又文思院、王恭廠，俱絲工也。

《明會典》：洪武二十六年，定輪班匠内一年一班者，有繡匠一百五十名；三年一班者，有織匠一千四十三名。

嘉靖十年，定内承運庫並木廠夫匠存留數目，内有繡匠屬尚衣監者三百六十六名，御馬監者十六名，司設監者一百五名，針工局者二百三十二名，兵仗局者八名，巾帽局者四名。又刻絲匠屬於織染局者二十三名。此外又有雙綫匠、裁縫匠、綿綫匠、綱巾匠、邊兒匠、綿匠、打綫匠、挽花匠、染匠、攢絲匠、絡絲匠、針匠、織匠、腰機匠、摺配匠、揭爼匠、挑花匠、紡棉花匠、緝麻匠、撚綿匠、織羅匠、撚金匠、絡緯匠、包頭匠、洗白匠、三梭布匠、結棕匠等各種名色。

又，織造額式，凡織造緞匹，闊二尺，長三丈五尺。額設歲造者，闊一尺八寸五分，長三丈二尺。歲造緞匹並闊生絹，送承運庫。上用緞匹並洗白腰機畫絹，送織染局。婚禮紵絲，送針工局。供應器皿、黄紅等羅並只孫褐裙，發文思院。

又，洪武元年，令凡局院成造緞匹，務要緊密、顔色鮮明，丈尺斤兩不失原樣，局官常切比較。工程合用絲料申請，提調正官嚴加提督，但有不堪，究治追賠。二十三年，罷天下歲織緞匹。凡有賞賚，皆給絹帛，如或缺乏，在京織造。

又，洪武三年定：神帛織文，郊祀上天及配享皆曰郊祀制帛，太廟祖考曰奉先制帛，親王配享曰展親制帛，社稷歷代帝王、先師孔子及諸神祇皆曰禮神制帛，功臣曰報功制帛。蒼、白、青、黄、赤、黑，各以其宜。南京司禮監神帛堂，年例織造起運赴京各樣制帛一千九十六段，南京太常寺關領各樣制帛二百五十五段，運赴顯陵奉先白色制帛一十八段。每年共該用帛一萬三千六百九十段，例該十年一次料造。

又，洪武二十六年定：凡供用袍服緞匹及祭祀制帛等項，於内府置局如法織造，依時進送。每歲公用緞匹，務要會計歲月數目，並行外局織造。所用物料，除蘇木、胡礬官庫足用，蠶絲、紅花、藍靛於所産去處税糧内折，槐花、梔子、烏梅於所産令民採取，按歲差人進納該庫支用。丹礬、紅花，每斤染經用蘇木一斤，黄丹四兩，明礬四兩，梔子二兩。黑緑每斤用靛青二斤八兩，槐花四兩，明礬三兩。深青每斤用靛青四斤。蠶絲：湖州府六萬斤。紅花：山東七千斤，河南八千斤。藍靛：應天府二萬斤，鎮江府二萬斤，揚州府二萬斤，淮安府二萬斤，太平府二萬斤。槐花：衢州府六百斤，金華府八百斤，嚴州府六百斤，徽州府一千斤，寧國府八百斤，廣德州二百斤。烏梅：衢州府一千五百斤，金華府二千斤，嚴州府一千四百斤，徽州府一千五百斤，寧國府一千五百斤，廣德州五百斤。梔子：衢州府五百斤，金華府五百斤，嚴州府二百斤，徽州府五百斤，寧國府五百斤，廣德州二百斤。

又，誥敕，洪武二十六年定，詔依品級制度如式製造，所用五色紵絲、誥身誥帶、黄蠟花椒、白麵紙劄等項，差人赴内府織染局等衙門關支。又誥敕式樣：誥織用五色紵絲，其前織文曰奉天誥命，敕織用純白綾，其前織文曰奉天敕命。俱用升降龍文，左右盤繞，後俱織某年月日造，帶俱用五色。

又，各處織染局：浙江杭州府、紹興府、嚴州府、金華府、衢州府、台州府、温州府、甯波府、湖州府、嘉興府，江西布政司，福建福州府、泉州府，四川布政司，河南布政司，山東濟南府，直隸鎮江府、蘇州府、松江府、徽州府、寧國府、廣德州。

明劉若愚《酌中志》卷十六：内府衙門職掌内織染局掌印太監一員，總理書僉等數十員。掌染造御用及宫内應用緞匹絹帛之類。有外廠，在朝陽門外瀚濯袍服之所。又有藍靛廠，在都城西，亦本局之外署也。

又，織染所掌關防太監一員，僉書十餘員，職掌内承運庫所用色絹，其署向南，在德勝門裏。其染成之絹，赴内承運庫交納。此所，工部亦有監督，有大使、有辦顔料諸項商人。此所不隸内織染局。

清制《清會典》：織造在京，有内織染局；在外，江寧、蘇州、杭州有織造局。歲織内用緞匹並制帛誥敕等件，各有定式。凡上用緞匹，内織染局及江寧局織造賞賜，務年終將用過工料、錢糧造册報部奏銷。八年題准：江寧、蘇、杭歲織上用袍緞各一千匹。江寧織倭緞六百匹。又議准：織造局照額設錢糧買絲招匠，按式織造。如有僉報富民濫派幫貼，奸胥借端科斂，查參究處。十一年令：制帛、誥敕、駕衣，著各該布政司織解，其餘暫停二年，各差撤回。十三年復差官督理織造。康熙十五年題准：織造緞匹不精好者，經管官降一級調用。十六年題准：江浙織造，本折錢糧，令巡撫奏銷。

又，凡織造機張，上用緞機，江寧局三百三十五張，蘇局四百二十張，杭局三百八十五張。部機，江甯局二百三十張，蘇州局三百八十張，杭州局三百八十五張。凡織造錢糧，蘇州織造局動支工部四司料銀及歲造緞銀十四萬二千八百二十二兩八錢，户部絹折銀一萬二千八百三十二兩五錢；杭州織造動支工部四司銀、歲造緞銀及局租荒絲蔴、鐵課匠班、麂狐皮、杭關杉板等項銀十萬四千四百二十二兩五分，户部絹折及鹽課銀十二萬一千八百八十六兩；江甯織造動支户部歲供織造銀七萬三百三十七兩四錢四分二釐。共動支工部項下銀二十四萬七千二百四十四兩八錢五分，户部銀二十萬五千五十五兩九錢四分零。

順治初，織造事務並錢糧俱屬户部管理。七年，各部寺錢糧歸還各衙門織造，仍留户部。八年題准：織造事務，歸工部管理。九年題准：工部將項下銀二十四萬七千二百四十四兩八錢五分，分撥江甯、蘇、杭三處織造。

康熙三年，錢糧俱歸户部。凡織造運送，蘇、杭織造每運船各三隻，江甯織造每運船二隻。康熙五年覆准：江甯織造，每運船三隻。二十四年議准：江甯、蘇、杭三處織造上用緞紗，由驛遞運送；官用緞紗、布匹，用水驛黄快船裝送，舊運船隻水手、雇價俱裁。

清雍正年間織染局匠役檔案

《故宫檔案》：雍正十二年□月二十一日，户部左侍郎兼内務府總管臣海望謹奏，爲請裁曠役，更定錢糧，以清浮費事。竊查織染局設立之初，原屬工部管轄，至康熙三年始交内務府管理。向有織繡等匠三百餘名，挽花幫貼匠五百餘名，共計匠役八百餘名。經陸續裁革，現今局内尚存織繡南匠十六名，本京織繡、氈毽、帶子、絡絲、染畫等民匠一百六十五名，挽花幫貼民匠一百十五名，織屯絹民匠三十五名，内屯絹匠每年祗食稜米八石四斗；南北織繡、挽花各項匠役，每年每名食白米三石六斗，稜米十二石，支領棉花三斤，白布六丈。惟南匠十六名，每年每名有養家銀十兩八錢，其餘本京匠役並無養家銀兩。以上各項匠役三百三十一名，一年應領米石布花等項，照市價折算，共計合銀五千八百三十九兩零。臣細按近來織造之項無多，似應量爲裁汰。查匠役内有繡匠四十名，雖屬染織局管轄食糧，向來俱隨三旗繡匠當差，今仍令其照舊應役外，惟挽花匠，如遇織造有花綢緞，始用伊等上機拉花，此外並無他技。是以歷來將挽花匠名下所食之米石，大半幫貼織繡等匠，雖係歷來相沿通融之計，究非成例，相應裁汰。又查織染等匠内又手藝生疏者十一名，亦應革退，共留織繡、絡絲、挑花、帶子、氈毽、染畫等匠一百七十名，儘可敷用。臣擬將伊等現領米石、布匹、棉花並南匠所食養家銀兩等項俱行裁去，請照内務府召募民匠之例，每名每年給米二十一斛，每月各給銀一兩。但此項匠役，若不略加分別等次，亦無以示鼓勵。匠役有頭目六名，每名每月請加銀一兩；再挑好手藝者二十名，每名每月請加銀五錢；其次匠役，可以無庸加給。其織屯絹匠三十五名，亦屬過多，内有能織緞匹及花屯絹者六名，應令隨織匠供役，即令與織匠一體食糧；所存二十九名，應裁去十五名，衹留十四名儘可敷用。所食米石，無庸更定，每年每名仍衹給稄米八石四斗。以上共裁各項匠役一百四十一名，僅存各項匠役一百九十名，每年應供給米一千九百六十五石六斗，銀二千三百四兩。統計一年所給匠役米石錢糧，較前所給米石布花等費可節省銀一千四百六十四兩。如此，則匠役之養贍，而錢糧不致浮費矣。是否妥協，伏候聖訓遵行，爲此謹奏。同日奉旨：依議。

明季蜀錦工及雲南錦工

彭遵泗《蜀碧》卷三：初，蜀織工甲天下，特設錦坊供御用。而蜀始封獻王好學，招致天下名刻畫傭集成，故蜀多巧匠。至此盡於賊手，無一存者。或曰：孫可望獨留錦工十三家，後隨奔雲南。今通海緞，其遺製也。

歷代絲繡之禁令

《漢書·哀帝紀》：齊三服，諸官織綺繡，難成，害女紅之物，皆止，無作輸。

《後漢書·和熹鄧皇后紀》：御府、上方、織室錦繡、冰紈、綺縠、金銀、珠玉、犀象、瑇瑁，雕鏤玩弄之物，皆絕不作。

《魏志·夏侯尚傳》：今科制自公列侯以下，位從大將軍以上，皆得服綾錦、羅綺、紈素、金銀飾鏤之物。自是以下，雜綵之服，通於賤人。雖上下等級各示有差，然朝臣之制已得侔至尊矣。

《晉書·武帝紀》：禁雕文綺組非法之物。

《周書·武帝紀》：天和六年九月癸酉，省掖庭四夷樂、後宮羅綺工人五百餘人。

《唐書》：大曆中，代宗敕曰：《王制》：「命市納賈，以觀人之好惡。布帛精粗不中度，廣狹不中量，不鬻於市。」《漢詔》亦云：「纂組文繡，害女工也。」朕思以恭儉克己，敦朴化人，每尚素元之服，庶齊金土之價。而風俗不一，踰侈相高，浸弊於時，其來自久。耗縑繒之本，資錦綺之奢。異彩奇文，恣其誇競。今旅未戢，黎元不康，豈使淫巧之功更虧恒制？在外所織大張錦、軟錦、瑞錦、透背及大綱錦、竭鑿已上錦、獨窠文長四尺幅及獨窠吴綾、獨窠司馬綾等，並宜禁斷。其長行高麗白錦、雜色錦及常行文字綾錦等任依舊例造。其綾錦花文所織盤龍、對鳳、麒麟、師子、天馬、辟邪、孔雀、仙鶴、芝草、萬字、雙勝及諸織差樣文字等，亦宜禁斷。

又，《肅宗紀》：禁珠玉、寶鈿、平脱、金泥、刺繡。

《宋史·仁宗紀》：禁民間織錦刺繡爲服。

又，《輿服志》：景祐元年，詔禁錦背、繡背、遍地密花透背采段，其稀花、團窠、斜窠、雜花不相連者非。

宋禁用金綵及盤金織金金綫

宋王栐《燕翼詒謀》：咸平、景德以後，粉飾太平，服用寖侈，不惟士大夫之家崇尚不已，市井閭里以華靡相勝，議者病之。大中祥符元年二月，詔：金箔，金銀綫，貼金、銷金、間金、蹙金綫，裝貼什器土木玩之物，並行禁斷。非命婦不得以金爲首飾，許人糾告，並以違制論。寺觀飾塑像者，齎金銀並工價，就文思院换易。四年六月，又詔：宫院、苑囿等，止用丹白裝飾，不得用五綵。皇親、士庶之家，亦不得用。春幡勝除宣賜外，許用綾絹，不得用羅。諸般花用通草，不得用縑帛。八年三月庚子，又詔：自中宫以下衣服，並不得以金爲飾，一應銷金、鏤金、間金、戧金、圈金、解金、剔金、撚金、陷金、明金、泥金、榜金、背金、影金、闌金、盤金、織金金綫，皆不許造。然上之所好，終不可得而絶也。

宋禁紫色

《燕翼詒謀》：國初，仍唐舊制，有官者服皂袍，無官者白袍，庶人布袍，而紫惟施於朝服，非朝服而用紫者有禁。然所謂紫者，乃赤紫。今所服紫，謂之黑紫，以爲妖，其禁尤嚴。故太平興國七年，詔曰：中外官並貢舉人，或於緋緑白袍者，私自以紫爲衣服者，禁之，止許白袍或皂袍。至端拱二年忽詔：士庶皆許服紫，所在不得禁止。而黑紫之禁，則申嚴於仁宗之時。今虜中紫服，乃是國初申嚴之制，此理所不可曉也。

又，仁宗時，有染工自南方來，以山礬葉燒灰染紫，以爲黝，獻之宦者洎諸王，無不愛之，乃用爲朝袍。乍見者皆駭觀，士大夫雖慕之，不敢爲也。而婦女有以爲衫襖者，言者亟論之，以爲奇衺之服，寖不可長。至和七年十月己丑，詔嚴爲之禁，犯者罪之。中興以後，駐蹕南方，貴賤皆衣黝紫，反以赤紫爲御愛紫，亦無敢以爲衫袍者，獨婦人以爲衫襖爾。

元禁治紕薄緞匹

《元典章》卷五十八：至元二十三年三月初九日，中書省奏過事内一件：會驗先欽奉聖旨節該：「隨路街市買賣之物，私家貪圖厚利，減剋絲料，添加粉飾，恣意織造紕薄窄短金素緞匹、生熟裹絹，並做造藥綿，織造稀疏狹布，不堪用度。今後選揀堪中絲綿，須要清水夾密緞匹，各長五托半之上，依官尺闊一尺六寸，並無藥絲綿、中副布匹，方許貨賣。如是依前成造低歹物貨及買賣之家，一體斷罪，其物没官。」欽此。累經立限，遍行禁治，有司弛廢，不爲時常檢舉，下民因緣滅裂。若不再行定限，明示罪名，切恐諸人枉遭刑憲。都省議得：遍行各路，文字到日，製造「不依式樣」條印，發付各處税務收掌，限三十日，店鋪之家即將見有不依式樣紕薄窄短匹緞、鹽絲藥綿等物，須要經由各處稅務使訖上項條印，方許發賣。限滿却行拘收，元發條印當官毀壞。仍令機户之家，將見使窄狹苧口，亦依限內盡要倒換，依式造副闊新苧口織造，須要清水夾密造副尺綾羅緞匹綢絹、中幅布匹、無藥絲棉等物，仍令本處管民官達魯花赤、長官不妨本職，常切用心提調。如限外違犯之人，捉拏到官，决杖五十七下，其或没官，止坐見發之家。親民司縣提調正官禁治不嚴，初犯罰俸一月，再犯各决二十七下，三犯別議。親民州縣與司縣同。仍標注過名，任滿於解由內明白開寫，以憑定奪。外，路府州達魯花赤、長官不爲用心提調，致有違犯，罰俸二十日，再犯取招別議定罪。

元禁軍民緞匹服色等第

《元典章》卷五十八：大德十一年正月十六日，江浙行省准中書省咨：

户部呈：奉中書省判送：「本部據大都申：街下小民，不畏公法，恣意貨紕薄窄短金素緞匹、鹽絲藥綿、稀疏綾羅、粉飾紗絹綢棉，並有不堪使用的狹布，欺謾買主，誘騙愚人。擬合欽依在先已降聖旨禁治。本部呈奉都堂鈞旨，已移開刑部並各道宣尉司及下各路，依上施行。外，參詳：行省管下路分貨買織造紕薄窄狹緞匹等物，宜從都省移咨各處行省，欽依一體禁治相應。具呈照詳。覆奉都堂鈞旨：送户部與工部一體講議明白，擬定連呈。」奉此。照得先據大都路申，亦爲前事。會驗到至元二十年奉户部符文：承奉中書劄付：欽奉聖旨：隨路街市別議定罪。已經出榜，依上禁治。外據店鋪見有不依式樣紕薄窄短緞匹、鹽絲藥綿等物，合令大都路依已行，製造「不依式樣」條印，於上行使，立限一百日，須要發賣盡絶。督責應有機户之家，將見使窄狹苧口增添幅闊，織清水夾密依式樣匹帛、無藥絲綿等物兩平發賣，違犯者依例斷罪相應。呈奉中書省判送元呈。批奉都堂鈞旨：「准呈，連判户部依上施行，就關刑部照會。」奉此。除遵依外，據行省管下路分貨賣織造紕薄窄短緞匹等物，宜從都省移咨各處行省，准依一體禁治。再行具呈。移准工部關：「照得至元十八年十二月十 一日，承奉中書省劄付：照得先欽奉聖旨節文：隨路織造緞匹、布絹之家，今後選揀堪中絲綿，須要清水夾密，並無藥綿，方許貨賣。如是成造低歹物貨及買賣之家，一體斷罪。外據諸人見有紕薄窄短緞匹布絹，令所在官司取會見數，立限發賣。限外發賣者，其物没官，仍約量斷罪。欽此。本部講議得：係官緞匹，例織造幅闊一尺四寸，長五托之上，准擬禁約。去後，今體知得各處貨賣緞匹布絹等物，俱各粉飾低歹窄狹，不依元行織造。蓋是各管官司不爲用心禁約織造。都省除已劄付御史臺行下各道按察司體覆外，行下各路，多出文榜，嚴加禁約。織造緞匹布絹之家，選揀堪中絲綫，須要清水夾密織造，每匹各長二丈四尺四寸，並無藥絲綿，方許貨賣。如是依前成造低歹窄短粉飾物貨，及買賣之家，一體斷罪，其物没官，於犯人名下計約酌量追償。又至元二十三年三月初九日奏過事内一件：麥朮丁右丞錢帛數目省得底言語奏呵，那般者。麼道，聖旨了也。欽此。都省原議得事内一件：紕薄緞匹布帛、藥綿等物，會驗至元七年閏十一月十五日，承奉中書省劄付該：議得：除路局院，即於各處管民官司使訖印記，許令貨賣。如有違犯之人，所在官司就便究治。至元十年五月二十三日，中書省咨：照得先爲諸人織造銷金，如御用日月龍鳳緞匹、紗羅、綢綾，街市貨賣雖曾禁約，切恐各處官司禁治不嚴。今議得：若自今街市已有造下挑繡銷金日月龍鳳肩花並緞匹紗羅綢綾等，截日納官外，實支價。已後諸人及各局人匠，私下並不得再行織繡挑銷貨賣。如違，除買賣物價没官，仍將犯人痛行治罪。又，元貞元年十二月二十七日，承奉中書省劄付，准蒙古文譯見織造金緞條例。照得諸路局院造納緞匹內，諸王百官長八托緞匹，各幅闊一尺四寸，常課長六托緞匹，每幅尺闊一尺四寸。照勘得，既是上位用八托、六托緞匹，各幅闊一尺四寸五分。諸人所用，不得同御用緞匹，理應□等。今既諸局院見造常課，例每匹長二丈四尺，幅闊一尺四寸，亦係諸人服用之物。所據街市緞匹紗羅綾絹，擬合一體照依在先定例，仍然禁治紕薄窄短，選揀堪中絲綫，清水織造夾密貨賣，及不許造織……□聖旨：每匹各長五托半之上，闊一尺六寸，宜從都省定奪聞奏。今後合將禁治事理開坐前去，仰多出榜文，遍行合屬，依上禁治施行。

顏色計開：柳芳緑、紅白閃色、迎霜合、雞冠紫、梔紅、胭脂紅。

五爪雙角纏身龍、五爪雙角雲袖襴、五爪雙角答子等。五爪雙角六花襴。

元織造金緞匹例

《元典章》卷五十八：元貞二年七月二十六日，行中書准中書省咨：欽奉聖旨節該：「多人穿的緞匹，綾錦上交織金，紵絲上休交織金者。」麼道。欽此。都省除外，合行移咨，遍行各處常課局院，欽依施行。

元毛緞上休織金

《元典章》卷五十八：中統二年三月十五日，中書右三部承奉中書省劄付：欽頒聖旨：「今後應織造毛緞子，休織金的，止織素的或繡的者。並但有成造箭合剌兒，於上休得使金者。」欽此。

元禁織龍鳳緞匹

《元典章》卷五十八：至元七年，尚書刑部承奉尚書省劄付：議得：除隨路局院係官緞匹外，街市諸色人等，不得織造日月龍鳳緞匹。若有已織下見賣緞匹，即於各處管民官司使訖印記，許令貨賣。如有違犯之人，所在官司究治施行。

元禁織大龍緞子

《元典章》卷五十八：大德元年三月十一日，不花帖木兒奏：「街市賣的緞子，似皇上御穿御用的一般用大龍，只少一個爪子，四個爪子的賣著有。」奏呵。暗都剌右丞、道尚書兩個欽奉聖旨：「背龍兒的緞子織呵，不礙事，交織著。似咱每穿的緞子織纏身上龍的，完澤根底說了，各處行省處遍行文書，交禁約、交休織龍兒者。」欽此。

元御用緞匹休織

《元典章》卷五十八：元貞二年二月初二日，中書省：准蒙古文字譯該：「中書省官人每根底，不花帖木兒言語：皇帝御穿御用的一般緞匹，不揀那裏休織造者。衆人根底都省諭者。」麽道。聖旨了也。欽此。

元禁治花樣緞匹

《元典章》卷五十八：延祐六年九月二十八日，行省准中書省咨：工部尚書呈：准將作院關：「延祐五年十一月二十七日，本院官哈颯不花院使、野粟院使，對徽政院官職烈門院使、撒迷承旨敬奉皇太后懿旨：『今後但犯上用穿的真紫銀粧領袖，並天碧織繡五爪雙龍鳳笞子等花樣，您將作院管著的匠人每根底好生的嚴禁治者。不屬您管著的，與省部家文書，各處禁治者。已先降樣子織造來者，交用著。今後織的匠人每、穿的人每，好生要罪過者。』麽道。懿旨了也。欽此。」

元禁織佛像緞子

《元典章》卷五十八：大德九年十一月二十五日，湖廣行省准奉中書省咨該：宣政院呈：「大德九年八月初二日，忽都答兒怯薛於第二日水晶宮内呈奏時分，火者小羅有來。本院官阿思蘭宣政院、乞失迷兒同知、桑哥答思同知、忽都禿忽里副使、闊闊出同籤事、謹敦同籤一干官吏員等奏過事内一件：街下織緞子的匠人每，織著佛像並西天字緞子貨賣有。那般織著佛像並西天字的緞子，賣與人穿著行呵，不宜的一般有。奏呵，奉聖旨：『怎生那般織著賣有？說與省官人每，今後休教織造佛像、西天字樣的緞子貨賣者。』欽此。」

元織品中之只孫

《元史語解》二十四《名物》：濟遜，顏色也。卷二作質孫，卷九作只孫，卷一百二十四作直孫，並改。

又訥克，實絨錦也。卷七十七作納失失，卷七十八作納石失，並改。

塔納圖訥克，實塔納東珠也。圖也有訥克，實絨綿也。卷七十八作答納都納石失。

又蘇布特圖納克，實蘇布特珍珠也。圖有也訥克，實絨綿也。卷七十八作速不都納石失。

宋周密《雲烟過眼録》：法衣一領，所謂納失失者，皆織渾金雲鳳，下闌皆升龍。

明禁織繡蟒衣

明沈德符《野獲編》卷一：今揆地諸公多賜蟒衣，而最貴蒙恩者，多得坐蟒，則正面全身，居然上所御衮龍。往時惟司禮首璫常得之，今華亭、江陵諸公而後，不勝紀矣。按正統十二年上諭：奉天門命工部官曰，官民服式俱有定制，今有織繡蟒龍、飛魚、斗牛、違禁花樣者，工匠處斬，家口發邊衛充軍。服用之人，重罪不宥。宏治元年，都御史邊鏞奏禁蟒衣云：品官未聞蟒衣之制。諸韻書皆云：蟒者，大蛇，非龍類。蟒無足無角，龍則角足皆具。今蟒衣皆龍形，宜令内外官有賜者俱繳進，内外機房不許織，違者坐以法。孝宗是之，著爲令。蓋上禁之固嚴，但賜賚屢加，全與詔旨矛盾，亦安能禁絶也？

明代賜物之錦繡

《野獲編》卷三十：北虜之賞，莫盛於正統時。其四年及十四年者，弇州《異典》

已盡記之矣。惟六年之賞異，今録之：賜可汗五色綵段，並紵絲蟒龍直領褡衣蔓曳撒比甲貼裏一套，紅粉皮圈金雲肩膝襴通衲衣一，皂麂皮藍條鋼綫靴一雙，硃紅獸面五山屏風坐床一，錦褥九，各樣花枕九，夷字《孝經》一本，鎖金凉傘一，絹雨傘一，箜篌、火撥思、三絃各一幅，並賜其妃胭脂、絨綫、絲綫等物。至八年，又賜可汗紵絲盛金四爪蟒龍單纏身膝襴暗花八寶骨柔雲一匹，織金胸背麒麟白澤獅子虎豹青紅緑共四匹，八寶青朵雲細花五色段二十六匹，素段五十六匹，綵段八十七匹，印花絹十匹。可汗妃二人白澤虎豹朵雲細花等段十六匹，綵段十六匹，花減金鐵盔一頂，戧金皮甲一幅，花框鼓、鞭鼓各一面，琵琶、火撥思、胡琴等樂器，及鑽砂焰硝等物。又賜丞相把把只織金麒麟虎豹海馬八寶骨朵雲紵絲四匹，綵絹四匹，素絹九匹。其餘平章伯顔帖木兒小的失王、丞相也里不花、王子乜先孟哥、同知把答木兒、僉院南剌兒、尚書八里等，皆賞綵段綢絹有差。上又賜御書諭太師淮王中書右丞相乜先，賜織金四爪蟒龍紵絲一，織金麒麟白澤獅子虎豹紵絲四，並綵絹表裏。又賜乜先母妃五人、妃四人諸織金繒綵。所以懷柔之者至矣，而卒不免英宗土木之禍。至上皇陷虜後，尚有黄白金諸賜以羈縻之。直至彰義門一戰得勝，嗣後撻伐既張，可汗弒死，也先以驕虐見戕，虜勢漸衰，中國賞亦頓薄。蓋禦虎狼者，飼以肉，不若制以穽也。中國賜外夷最厚而縟者，如元魏明帝正光二年，蠕蠕主阿那瓌歸國，命引見賜坐，詔賜以細明光人馬鎧一具，鐵人馬鎧六具，露絲銀纏槊二張並白旄，黑漆槊十張並幡，露絲弓二張並箭，朱漆拓弓六張並箭，黑漆弓十張並箭，赤漆楯六幡並刀，黑漆楯六幡並刀，赤漆鼓角二十具，五色錦被二領，黃紬被褥三十具，私府繡花一領並帽，内者緋納襖一領，緋袍二十領並帽，内者雜綵十段，緋納小口袴褶一具，内中宛具紫納大口袴褶一具，内中宛具百子十八具，黃巾布幕六張，新乾飯一百石，麥麵八石，榛麵五石，銅烏錥四枚、柔鐵烏錥二枚（各受一斛），黑漆、竹榼四枚（各受五升），婢二口，父草馬五百匹，駝百二十頭，牸牛一百頭，羊五十口，朱畫盤器十合，粟二十萬石。乃次年即入寇，至執行臺尚書元孚以去，未數歲而魏亦大亂，分東西矣。宋靖康初元，斡離不入犯，犒師銀二千二百餘萬兩，金三十餘萬兩，又侑以女樂百人、珍禽異寶等物。及斡離不還師，欽宗又賜以白紵束帶一條，共北珠五十顆，正透金鳳犀帶一條，金陵真玉注椀一副，玉酒杯十隻，細鞍轡一副，琥珀假竹鞭一條，爲贐餞之禮。其媚之已不遺餘力。次年再入犯，汴京遂不守。

明代花機腰機結花諸法

明宋應星《天工開物》卷上：花機式：凡花機通身度長一丈六尺，隆起花樓，中托衢盤，下垂衢脚。對花樓下掘坑二尺許，以藏衢脚。提花小廝坐立花樓架木上。機末以的杠卷絲，中用疊助木兩枝，直穿二木，約四尺長，其尖插於箴兩頭。疊助，織紗羅者，視織綾絹者減輕十餘斤方妙。其素羅不起花紋，與軟紗綾絹踏成浪梅小花者，視素羅衹加桄二扇。一人踏織自成，不用提花之人，閒住花樓，亦不設衢盤與衢脚也。其機式兩接：前一接平安，自花樓向身一接斜倚低下尺許，則疊助力雄。若織包頭細軟，則另爲均平不斜之機。坐處門二脚，以其絲微細，防過疊助之力也。

腰機式，凡織杭西、羅地等絹，輕素等綢，銀條、巾帽等紗，不必用花機，衹用小機。織匠以熟皮一方寘坐下，其力全在腰尻之上，故名腰機。普天織葛、苧、棉布者，用此機法，布帛更整齊堅澤，惜今傳之猶未廣也。

結花本，凡工匠結花本者，心計最精巧。畫師先畫何等花色於紙上，結本者以絲綫隨畫量度，算計分寸杪忽而結成之。張懸花樓之上，即織者不知成何花色，穿綜帶經，隨其尺寸度數提起衢脚，梭過之後居然花現。蓋綾絹以浮輕而見花。紗羅以糾緯而見花，綾絹一梭一提，紗羅來梭提，往梭不提。天孫機杼，人巧備矣。

張獻忠之織金蟒緞

《流賊張獻忠陷盧州記》：六月半，親家姓倪者馱幾箱綢緞經營。汪公子見之，喜極，可望回家。八賊亦喜，款待甚豐。次日，看貨又不喜，曰：「我要的是織金緞子，這是繡金的，不大好。既買來，罷了。衹是煩你再買一轉。」中略。八賊將緞子分散各營頭目去，隨即做出齊穿來謝恩。九月初，汪公子親家又到。果然所買之緞如意，公子以爲必放，豈知又不肯放，説此織金蟒緞真好，可惜少了。

清太祖在滿洲織蟒緞補子

《滿洲老檔秘録》上编：太祖賞織工。天命八年二月，派七十三人織蟒緞補子。其所織之蟒緞補子，上覽畢，嘉獎曰：「織蟒緞補子，於不産之處，乃至寶也。」遂令無妻之人，盡給妻奴衣食，免其各項官差及當兵之役，就近養之。一年織蟒緞若干，多織則多賞，少織則少賞，視其所織而賞之。若有做金綫火藥之人，亦至寶也，即賞其人，與織蟒緞者同等。今即將織蟒緞織人派出，免其各項官差。

漢晉唐外國之絲繡

《漢書·西域傳》：罽賓國，其民巧，雕文刻鏤，治宫室，織罽，刺文繡。

《晉書·大秦國傳》：其土出金玉、寳物、明珠、大貝。又能刺金縷繡及織錦縷罽。

《唐書·波斯傳》：開元天寳間，遣使者十輩，獻瑪瑙床、火毛繡。

織金工出自西域

《元史·鎮海傳》：先時，收天下童男童女及工匠，置局宏州。既而得西域織金綺紋工三百餘户，及汴京織毛褐工三百户，皆分隸宏州，命鎮海世掌焉。

按，《元史·何實傳》：實攻汴、陳、蔡、唐、鄧、許、睢、鄭、亳、潁，俘工匠七百餘人，索魯命駐兵邢州，分織匠五百户置局課織。邢因武仙之亂，歲屢饑，請移匠局於博。索魯從之。博值兵火，後物貨不通，以絲數印置會子，權行一方，獲貿遷之利。太宗數召入見，與論軍中故事，良久曰：「卿效力有年，朕欲授以征行元帥。」實謝曰：「小臣披堅執鋭，從事鋒鏑二十年，身被十餘槍，右臂不舉，已爲廢人。臣幸得元佩金符，督治工匠，歲獻織幣，優遊以終其身，於臣足矣。」於此可見元代官匠之制，及官匠被俘遷地之跡。

唐時雲南之綾羅

唐樊綽《蠻書》卷七「物産」：蠻地無桑，悉養柘蠶遶樹。村邑人家柘林多者數頃，聳幹數丈。三月初蠶已生，三月中繭出抽絲，法稍異中土。精者爲紡絲綾，亦織爲錦及絹。其紡絲入朱紫以爲上服，錦文頗有密緻奇采，蠻及家口悉不許爲衣服。其絹極粗，原細入色，製如衾被，庶賤男女許以披之。亦有刺繡，蠻王並清平官禮衣悉服錦繡，皆上綴波羅皮。俗不解織綾羅，自大和三年蠻賊寇西川，虜掠巧兒及女士非少，如今悉解織綾羅也。

按，波羅皮，蠻語虎皮，原注：南蠻呼大蟲爲波羅密。

貴州之絨錦及諸葛錦

《貴州黎平府志》卷三下：絨錦以麻絲爲經，緯挑五色絨，其花樣不一，出古州司等處苗家。每逢集場，苗女多攜以出售。

又，棉錦府屬地青特洞等處，所産以白紗爲經，藍紗爲緯，隨機挑織，自具各種花形，巾帨尤佳，即所謂諸葛錦，亦名洞錦。顧諒《洞錦歌》：「郎錦魚鱗紋，儂錦鴨頭翠。儂錦作郎茵，郎錦裁儂被。苗被自兩端，終身不相離。」張應詔《諸葛錦》詩：「丞相南征日，能回黍谷春。干戈隨地用，服色逐人新。苧幅參文繡，花枝織朵勻。蠻鄉椎髻女，亦有巧於人。」

練因避諱而改絹

《香祖筆記》卷十：梁武帝，小名阿練，改練爲絹。今絹布之絹，俗罕知其爲練矣。

附清代揚州染色

李斗《揚州畫舫録》卷一：江南染房盛於蘇州、揚州，染色以小東門街戴家爲最。如紅有淮安紅，本蘇州赤草所染，淮安湖嘴布肆專鬻此種，故得名桃紅、銀紅、靠紅、粉紅、肉紅，即韶州退紅之屬。紫有大紫、玫瑰紫、茄花紫，即古之油紫、北紫之屬。白有漂白、月白。黃有嫩黃，如桑初生；杏黃、江黃即丹黃，亦曰緹，爲古兵服；蛾黄如蠶欲老。青有紅青，爲青赤色，一曰鴉青；金青，古皂隸色；玄青，玄在緅緇之間；合青，則爲[illegible]；蝦青，青白色；沔陽青，以地名，如淮安紅之類；佛頭青，即深青；太師青，即宋染色；小缸青，以其店之缸名也。緑有官緑、油緑、葡萄緑、蘋婆緑、葱根緑、鸚哥緑。藍有潮藍，以潮州得名；睢藍，以睢寧染得名；翠藍，昔人謂翠非色，或云即雀頭三藍。《通志》云：藍有三種，蓼藍染緑，大藍淺碧，槐藍染青，謂之三藍。黄黑色則曰茶褐，古父老褐衣，今誤作茶葉。深黄赤色曰駝茸，深青紫色曰古銅，紫黑色曰火薰，白緑色曰餘白，淺紅色曰出爐銀，淺黄白色曰密合，深紫緑色曰藕合。紅多黑少曰紅棕，黑多紅少曰黑棕，二者皆紫類。紫緑色曰枯灰，淺者曰硃墨，外此如茄花、蘭花、栗色、絨色，其類不一。元滋素液，赤草紅花，合成帥昧，經緯艷異，凡此美名，皆吾鄉物產也。

紀聞二 刻絲

宋刻絲出於定州

《雞肋編》卷上：定州織刻絲，不用大機，以熟色絲經於木桙上，隨所欲作花草禽獸狀。以小梭織緯時，先留其處，方以雜色綫綴於經緯之上，合以成文。若不相連，承空視之，如雕鏤之象，故名刻絲。如婦人一衣，終歲可就，雖作百花，使不相類亦可，蓋緯綫非通梭所織也。

回鶻剋絲

宋洪皓《松漠紀聞》：回鶻自唐末浸微，本朝盛時有入居秦川爲熟户者。女真破陜，悉徙之燕山。甘、凉、瓜、沙，舊皆有族帳，後悉羈縻於西夏。唯居四郡外地者，頗自爲國，有君長。其人卷髮深目，眉修而濃，自眼睫而下多虬髯。土多瑟瑟珠玉。帛有兜羅綿、毛氎、狨錦、注絲、熟綾、斜褐云云。又善結金綫，相瑟瑟爲珥及巾環。織熟錦、熟綾、注絲、綫羅等物，又以五色綫織成袍，名曰剋絲，甚華麗。又善撚金綫，别作一等，背織花樹，用粉繳，經歲則不佳，唯以打换達軸。

紹興御府裝書畫用克絲作

《齊東野語》：紹興内府所藏法書名畫，其裝褾具有成式。内中於出等真蹟法書，兩漢三國二王、六朝隋唐君臣墨蹟，用克絲作樓台錦褾，又於六朝名畫横卷亦同。

南宋以刻絲爲物産

《夢粱録》卷十八「物産」：絲之品，刻絲、花素二種。杜縴又名起綫，鹿胎次名透背，皆花紋特起，色樣織造不一。

唐宋書畫錦褾用克絲作

《輟耕録》：唐貞觀開元間，書畫皆用紫龍鳳綢綾爲表，緑文紋綾爲裹。南唐則褾以迴鸞墨錦，宋御府所藏青紫大綾爲褾，文錦爲帶。高宗渡江後，裝褫之法已具名畫記及紹興定式。兹以所聞見者録之：錦褾之首爲克絲作樓閣、克絲作龍水、克絲作百花攢龍、克絲作龍鳳。

按，以上二則，全文已見《辨物第一·錦綾篇》，今摘録其克絲作於此。

刻絲每痕割斷

明張應文《清秘藏》：宋人刻絲，不論山水、人物、花鳥，每痕割斷，所以生意渾成，不爲機經掣制。如婦人一衣，終歲方成，亦若宋繡有極工巧者，元刻迴不如宋也。

按，張明之，嘉萬間人，所記與董文敏《筠清軒秘録》同，但「割斷」作「剜斷」。

刻絲又名刻色作及紵絲作

明曹昭《格古要論》：刻絲作，宋時舊織者白地或青地子，織詩詞、山水或古事、人物、花木、鳥獸，其配色如傅彩，又謂之刻色作。此物甚難得。嘗有舞裀闊一尺有餘者，且匀净緊厚。又，紵絲作，新織者類刻絲作而欠光净緊厚，不逮刻絲多矣。

刻絲與織絲不同

明高濂《燕閒清賞箋》：宋人繡畫，山水、人物、樓臺、花鳥，針綫細密，不露邊縫，其用絨止一二絲，用針如髮細者爲之，故多精妙。設色開染，較畫更佳，以其絨色光彩奪目、豐神生意，望之宛然，三趣悉備。女紅之巧，十指春風，迥不可及。元人之繡，便不及宋，以其用絨粗肥，落針不密，且人物、花鳥用墨描畫眉目，不若宋人以絨繡眉目，瞻眺生動。此宋元之别，以其眉目辨也。故宋繡山水亦不多得，元人花鳥尚可一二見耳。宋人刻絲，山水、人物、花鳥，每痕剜斷，所以生意混成，不爲機經掣制。今人刻絲是織絲，與宋元之作迥異。故宋刻花鳥、山水，亦如宋繡有極工巧者。余意刻絲雖遠不及繡，若大幅舞裀，自有富貴氣象。元刻不如宋矣。

刻絲非通梭所織

明呂種玉《言鯖》：克絲作，起於宋，通作刻絲。定州織之，不用大機，以熟色經於木梓上，隨所作花草、禽獸、樓閣，以小梭布緯，先留其處，以雜色綫綴於經緯之上，合以成文，極其工巧，故名刻絲。婦人一衣，終歲方就，蓋緯綫非通梭所織也。今則吳下通織之，以爲被褥、圍裙，市井富人無不用之，不以爲奇矣。

刻絲與原畫之比較

沈初《西清筆記》卷二：宋刻絲畫有絶佳者，全不失筆意。余嘗得萱花一軸以進，花光石色黯而愈鮮，位置之雅，定出名手。後見有明季人畫而刻絲者，其原畫亦在，取以相較，樹石層次筆意相同而傅色鮮妍，刻絲反勝。近來吴中工匠，亦有能者。

明沈萬三家以刻絲作鋪筵

《吴江縣志》：沈萬三秀有宅在周莊，富甲天下，相傳由通番所得。張士誠據吴時，萬三已死，二子茂、旺密從海道運米至燕京。洪武初，以龍角來獻，侑以白金二千錠，黄金三百斤，甲士十人，甲馬十匹。建南京廊房一千六百五十四楹，酒樓四座，築城甃街，造鐵橋水關，諸處費鉅萬萬計。時方徵用人才，茂爲廣積庫提舉，旺之姪玠爲户部員外郎。洪武二十三年，莫禮過訪之，見其家屏去金銀器皿，以刻絲作鋪筵，設柴定器十二卓，每卓置羊脂玉二枚，長尺餘，闊寸許，中有溝道，所以置筯，恐筯污刻絲故也。行酒用白瑪瑙盤，盤有斑紋，乃紫葡萄一枝，五猿採之，謂之五猿争果。盏則赤瑪瑙，有纏絲二物，光彩爛然，天然至寶。明日，其贅婿顧學五設宣和定器十二卓，每湯一套，酒七行，每行易一寶杯。其後顧以姦淫事黨禍，連及萬三孫德全等六人及顧氏一門，同日凌遲，而莫禮亦連坐誅。

明宮中有刻絲匠

《明會典》内承運庫並木廠夫匠存留數目，有刻絲匠二十三名，屬於織染局。

成化間吴市之刻絲

明王錡《寓園雜記》：吴中素號繁華，自張氏之據，天兵所臨，雖不被屠戮，人民遷徙，實三都、戍遠方者相繼，至營籍亦隸教坊。邑里蕭然，生計鮮薄，過者增感。正統、天順間，余嘗入城，咸謂稍復其舊，然猶未盛也。迨成化間，余凡三四年一入，則見其迥若異境，以至於今，觀美日增。閭閻輻輳，綽楔林叢；城隅濠股，亭館布列，略無隙地。輿馬從蓋，壺觴樏盒，交馳於通衢。永巷中光彩耀目，游山之舫、載妓之舟，魚貫於緑波朱閣之間。絲竹謳歌，與市聲相雜。凡上供錦衣、文貝、花果、珍羞、奇異之物，歲有所益。若刻絲累漆之屬，自浙宋以來，其藝久廢，今皆精妙。人性愈巧，而物産愈多。至於人材輩出，尤爲冠絶。作者專尚古文，書必篆隸，駸駸兩漢之域，下逮唐宋，未之或先。此固氣運使然，實由朝廷休養生息之恩也。人生見此，亦何幸哉！

明人以刻絲冒溲器

《野獲編》卷十二：近年有一御史按江南，邑令輩至織成雙金刻絲花鳥、人物，冒之溲器之上，御史安然享之。其人江西人，自甲辰庶常出者。

織成壽幛

《野獲編》卷十二：江陵時，嶺南仕宦有媚事之者，製壽幛賀軸俱織成，青罽爲地，朱罽爲壽，字以天鵝絨爲之。當時以爲怪，今則尋常甚矣。今藩府賀其按撫，將領賀其監司，俱以法錦刺繡文字，在在皆然，價亦不甚蔓，習以成俗也。

刻絲粉本之名畫作者

宋人刻絲，所取爲粉本者，皆當時極負時名之品，其中如唐之范長壽，宋之崔白、趙昌、黄居寀，諸作爲歷代收藏家所寶玩。今真蹟既不易得見，僅於刻絲之摹肖本觀之，其精美仍不稍減，益令人想見唐宋人名畫之佳妙。刺取畫家傳略如左。

范長壽 《唐書·藝文志》：范長壽，爲武騎都騎，又爲司徒校尉。學張僧繇釋道，能畫風俗、田家、景候、人物，今屏風是其制也。凡畫山水、樹石、牛馬，妙盡其微。

崔白　《圖畫見聞志》：崔白，字子西，濠梁人，工畫花竹翎毛，體製清贍。雖以敗荷鳧雁得名，然於佛道鬼神、山林人獸，無不精絕。凡臨素多不用朽，復能不假直尺界筆，爲長弦挺刃。熙寧初，命與艾宣、丁貺、葛守昌畫垂拱殿御扆，鶴竹各一扇，而白爲首。後恩補畫院藝學，白自以性疏闊，度不能執事，固辭之。

《格古要論》：白極工於鵝。宋畫院較藝者，必以黄筌父子筆法爲程式，自白及吴元瑜出，其格遂變。

《筠廊偶筆》：合肥許太史孫荃家藏畫鶉一軸，陳章侯題曰：「此北宋人筆也，不知出誰氏之手。」余覽之，定爲崔白。畫座間有竊笑者，以余姑妄言之耳。乃少頃持畫向日中曝之，於背面一角映出圖章，文曰子西。子西即白號，衆始歎服。

趙昌　劉道醇《名畫評》：趙昌，劍南人，性傲易，雖遇强勢，亦不肯下之。遊巴蜀梓，遂間善畫花果。初師滕昌祐，後過其藝。時州伯郡牧争求筆跡，昌不肯輕與，故得者以爲珍玩。大中祥符中，丁朱崖奉白金五百爲壽，昌感其意，親往謝之。朱崖延於東閣，求畫生菜數窠及爛瓜生果等，命筆遽成而去。晚年還蜀，尤有聲譽，多出金購其舊畫以自秘。

宋宣和御府收藏趙昌畫九十九種，每種一軸或二三軸。評名畫花竹翎毛門，趙昌列入妙品。

黃居寀《圖畫見聞志》：黃居寀，字伯鸞，筌季子也。工畫花竹翎毛，默契天真，冥周物理。始事孟蜀，爲翰林待詔。與父筌俱蒙恩遇，圖畫殿庭墻壁、宮闈屏幛，不可勝紀。曾於彭州棲真觀壁畫水石一堵，自未至酉而畢，觀者莫不歎其神速且妙也。乾德乙丑歲，隨蜀主至宋，太祖尤加眷遇，供進圖畫，恩寵優異。仍以委之搜訪名蹟，銓定品目。居寀狀太湖石，尤過乃父。

宋宣和御府收藏黃居寀畫百六十五種，每種一軸或二三軸。《名畫評》花竹翎毛門，黃居寀列入神品。

陳居中《畫史會要》：陳居中，嘉泰年畫院待詔，專工人物蕃馬，佈景著色可亞黃宗道。

刻絲作者之名款

自宋迄明，刻絲作者之名款，以朱克柔爲最著。此外沈子蕃、吴煦、吴圻、朱良棟亦於款印知之，兹分述如左。

朱克柔，名强，雲間人。思陵時以女紅行世，人物、樹石、花鳥精巧，疑鬼工，品價高一時。右文從簡跋語，《墨緣彙觀》諸書均載之，見龐元濟《虚齋名畫録》。

按，朱氏刻作之現存者，清故宫齋宫有《縷繪集錦》一册十二開，其第二、第六、第八、第十，均織有朱克柔印。又啟鈐家所藏《宋刻絲繡綫合璧》一册六開，内第一幅牡丹有張習志跋，第三幅山茶有文從簡跋，即《墨緣彙觀》諸書所著録，而《石渠寶笈續編》重華宫所收藏者是。此外有《蓮塘乳鴨圖》及《香橼秋鳥圖》、《雲山高逸圖》，皆朱氏所刻作。餘詳下卷「辨物第三」及《絲繡録》。

沈子蕃，宋人。《石渠寶笈續編》六函二十三册：養心殿藏花鳥一軸，款曰「子蕃」。此件現存齋宫成字第一九〇號木箱一三號。又梅花寒雀一軸，款「子蕃製印沈氏」。又秋山詩意一軸，款「子蕃印沈氏」。又九函三十四册：重華宫藏梅鵲一軸，款「沈氏印子蕃」。又《好古堂家藏書畫記》有宋刻榴花雙烏一事，面背如一，用沈氏印，背則印文反。

吴煦，字子潤，宋人。《石渠寶笈》卷四十：御書房藏宋吴煦《刻絲蟠桃圖》一軸，宋本，五色織。上方織題句云：「萬縷千絲組織工，仙桃結子似丹紅。一絲一縷千萬壽，妙合天機造化中。」款織「延陵吴煦製」，下織「子潤印」。現存齋宫。又卷九：乾清宫藏《花卉蟠桃圖》一軸，上等天一宋本，五色織，款曰「吴煦」，下織「吴煦印」一。

吴圻，明吴人，字尚中。《石渠寶笈續編》四函十三册：乾清宫藏有沈周蟠桃仙一軸，有沈周款，並摹印一，石田製，款「吴門吴圻製」，八分書。印一，「尚中」。

朱良棟，明長洲人。《石渠寶笈》卷九：乾清宫藏明刻朱良棟製《瑶池獻壽圖》一軸，明本五色織，款「長洲朱良棟製」。

近代刻絲與織成之别

英和《恩福堂筆記》：于文襄公嘗語同列云：所謂緙絲者，乃用之於册頁、手卷，不聞施之於衣。蓋往時朝衣蟒袍皆織成。豈獨無緙絲？即顧繡亦後來踵事也。

按，此條於織成、緙絲之區別，雖甚淺近，却至明晰。

刻絲克絲剋絲緙絲文異音同

匡源《題恭邸藏宋刻絲米芾行書卷》詞注：刻絲始於宋人，傳寫異文，諧音則一。《事始》作刻，《松漠紀聞》作剋，《名義考》謂當作緙，引《廣韻》「緙，乞格切，織緯也」。又刻絲法起定州，見莊季裕《雞肋》。又謂之刻色作，見《格古要論》。胡韞玉《緙絲辨》：方以智《通雅》云，刻絲法起於宋，出定州。周密、陶九成皆作克。又谷應泰《博物要覽》宋錦名目有「克絲作樓閣、克絲作龍水、克絲作百花攢龍、克絲作龍鳳」等名，字皆作克。俞曲園《茶香室叢談》引洪皓《松漠紀聞》云：「回鶻以五色綫織成袍，名曰剋絲，甚華麗，俗書作刻，非其舊矣。」此宋人作克，後人作刻之證也。陸鳳藻《小知録》云：克絲，《名義考》本作緙。汪汲《事物原會》引《名義考》云：克、剋、刻三字皆誤，此言緙絲之緙，當作緙是也。緙絲始於宋，宋人作克，自當承宋人之舊。惟是命名，必有意義。克之於意義究屬何云，是不可不研究者也。韞玉反覆思之，字當作緙，刻、克皆爲假借。緙絲之法，以五色綫織成，然與織不同，故不謂之織，而謂之緙。《玉篇》：緙，紩也。織，緯也。《説文》：紩，縫也。凡針曰紩。《急就篇》顏注：納刺謂之紩。朱駿聲云：納，猶鬊也。《説文》：鬊，以錐有所穿也。緙訓爲紩，紩訓爲鬊刺用，以爲緙絲之稱，最爲恰當。是宋人本作緙，時人不識緙而改用刻。《説文》：刻，鏤也。《爾雅》：木謂之刻。義固可以引申，究竟於絲謂之緙，於金木謂之刻，用各有所當。其作克者，或係賈人喜用筆畫減少之字。克、刻聲近，而義亦可通，士子沿之不改。剋乃劾之俗字，由克而演。俞曲園謂當作剋，作刻非其舊。《茶香室叢談》是隨筆記録之書，未加考核故耳。克既通行，遂無復知其義近於刻者，更無論緙矣。後人又用刻字，當是不明克字之義，而以刻鏤當之，不知其仍爲緙字之借字也。顧名思義，字當作緙，作刻者，緙之借，作克者又刻之借。刻、克似亦可用，惟必明其所由，庶覽者得其遞變之跡也。

日本美術家之論刻絲與織成

日本大村西崖《中國美術史》：剋絲即隋唐所謂之織成錦。至宋代，非僅爲文様物，似兼織畫圖。蓋織有崔白落款之花鳥圖等也，筆粗，圖樣亦大，絲則粗細雜用，亦有織成斜緯者。定州之所織，最爲精巧。南宋以後，樓閣、山水等之圖樣均甚緊密，用絲亦細勻，或若書畫作爲挂軸，或用之於上等之裱裝。今則用於宋製剋絲之挂軸，或用於名畫卷册之引首者，常有遺存。高宗時，雲間江蘇浙江著名人朱克柔，其製作極佳，非元明清物之所能及，固亦理之當然。

日本美術家之論明刻絲

安田韌彦氏藏有明刻絲，縱一尺五分，横二寸一分，所刻爲仕女花卉。日本謂之《美人牡丹逍遥圖》。東京美術學校教授明石染人有論文一通，發表於《時代裂》第七輯《解説》，並有縮圖，今譯其大意如左。

綴織之爲物，在先入爲主之常識上，爲認識不足。綴織或綴錦，在織物之中，占最高最貴之地位。既要費用，又需技術，可信爲織物技能最高度發達之所産出。在織物之專門的見地上言之，綴織之創始，原爲紋織物之原始型。在紋織物製法未發明以前，吾人之遠祖將經絲並列於機，而用緯色絲以手編之，織出花紋，此即紋織未發明以前之花樣織，故不必如紋織機之機構複雜，至極簡單。二三世紀，埃及哥倫布多織、南美秘魯之因加織、希臘之紋織、波斯之他比，悉由此手法而生。在太古以來，號稱絹織物之帝國如中國者，並無例外。周代有無，固不敢知，而漢代之有此物，殊可確信。隋唐之際，特將古來之此種織法加以發達，即製成與燦爛之錦相對抗之綴織。現在，我正倉院尚有若干優秀之遺品可見。

綴織之名，爲日本後世人所命，在中國則稱之爲刻絲。正倉院所存有綴織，非古人夢想所及近代之收穫，如聖武上皇供御之「織成樹皮色袈裟」，見於東大寺獻物帳上所書，乃綴織也。天平、勝寶以後之文獻學者，對於織成二字之文獻，不加留意，實爲迂闊。織成者，單爲織而成者，或即錦之别名乎。至於近來與其稱爲精通織物技術之史學者，毋寧稱爲精通史學之織物研究家。正倉院御物舊零剪之中，在錦之名下，試檢查各種零剪，確認有若干燦然之刻絲、織成、綴錦之存在，可爲特筆。

隋唐之際，既有可驚而有技術絹之綴織製造之事，中國本土錦之大發達，此外恪守舊法，而自由努力於多彩繪畫的紋織物之表現已可判明。

唐以後，經宋、元、明特異發達，中國之刻絲，離開織物之感想，而進步已經明瞭。即紋織法，將絶對不能織出之繪畫及文字，刻而出之，爲書畫之織物化，漸加工敏，乃至室内、宫殿、佛閣之壁畫。定州一時名匠雲集。至於明代，忽加制限，禁其行用。宣宗時代，内造司再興，招致南方名匠織唐、宋之名畫名筆，並獎勵及於一般而發達，益加健全。

自明末萬曆至清康熙、雍正約二百年間，爲中國各種文化大活躍之時代，諸工匠之中，織物亦由古法而入新鮮。官織之外，民間刻絲亦有相當進步。姑蘇齊門外之陸墓鎮，有作家一群，故以姑蘇刻絲爲最有名。陶心畬、闞霍初等皆曾招集名匠爲之指導。然此半農半織之民間刻絲，因生計之窮困，而爲民藝化、輸出化爲當然之事，其仿古的古式作家已無面影，不免遺憾。

安田氏所藏《美人牡丹圖》，似以爲明末之刻絲，頗含古趣。故於類型的美人，或抱兔，或捧桃，或執扇，或持靈芝。《逍遥圖》中，配以簡素牡丹花一朵。因欲美人與牡丹各分時代起見，故以明朝式巖石或卷雲配之，且《牡丹圖》地質以鮮美紅花染之，現在脱色而成褪紅。其手法，既幼拙而莊重，雖有淡紅暈白花，而其下一朵則施紫暈。牡丹培土，與巖石爲濃淡藍與白、茶色，葉則用濃淡緑色，惟牡丹設色極爲簡素，蓋欲仿真花之色也。但有左二聯指左邊二條。與右二聯相反，似爲對照的分配，蓋《美人逍遥圖》其色彩、形態均有變化，但此處所言彩色則限於白、藍之中濃淡、紅之濃淡、緑之濃淡、茶之濃淡、黄、黑及金之十三四色而已。則此刻絲之意匠，其苦心於構圖設色，於簡素中表現複雜之味，已可判明。試就《美人逍遥圖》研究其分配色彩之内容，假稱抱兔美人爲甲，抱桃者爲乙，持靈芝杖者爲丙，執扇者爲丁。

上面卷雲之部，甲爲濃淡藍、淡緑、白，乙爲濃淡藍、淡茶、淡緑，丙爲濃淡紅、淡藍、白，丁爲濃淡紅、淡茶、黄、白。

空中之部，甲、乙爲黄，丙則濃藍，丁則淡藍。欄干則甲、丙爲濃茶，乙爲濃藍，丁爲濃紅。美人所踐之土色，甲爲濃藍，乙爲淡緑，丙爲黄，丁爲淡茶。其旁巖石，甲爲濃茶與黄，乙爲濃茶與黄，丙爲濃緑與濃茶，丁爲濃緑與茶。

夫所謂美人云者，髮必純黑，臉亦潔白，衣則分爲裙衫，而其設色，以甲衫爲淡緑，裙爲濃紅；乙衫爲濃紅，裙則白色；丙與乙同，惟其裾襴花樣，乙紅而丙淡緑；丁衫淡紅，裙則淡藍。抱兔之甲與持靈芝之丙爲白色，乙之桃爲紅、葉爲緑，丁扇爲金。

此圖用金綫所繡之處爲數極少，惟扇髻及裙帶首端而已。且當注意於美人學與牡丹相同者，左二聯與右二聯爲對照的是也。

尤當注意者爲刺繡之用綫。蓋普遍部分所用者爲極甘撚之粗繡綫，衫裙與牡丹葉之一部及花之大部分等處，則用所撚之合綫，間亦用白綫。開臉用平綫，以出光澤效果。牡丹之白色部分，則用撚綫，以示雅淡。其他裙衫雖爲同色，必不用同色之綫。甲則上下均爲平綫，乙、丙、丁均爲撚綫狀態云。其刺繡用合綫或撚綫者，從用法上則爲相當技術。蓋目其光澤與外觀之效果，二者均有大不相同之點也。

如此圖已在唐代所用，雖用同色綫，而因所用之處則更换用綫撚之有無，復於同一場所因色合而改撚者有之。其細心慎重之處，大可嘉也。

此物乃在明末清初刺繡全勝時代所作，故於説明之責任上，既重且大。而此品所有損壞之處，必爲濃藍或黑色，所染之繡綫無疑，亦願注意及之。至於黑染乃用鐵漿，濃藍則用灰汁質之藍液中，幾次重染所出者也。故其耐久力較之地部分，或爲缺少，不言而喻矣。

職是之故，此刻絲之保存上，極爲慎重。其上下乃用明時金紗，爲一字式之裝潰。復於其上下添加大概同時代之菊花金襴金紗，黑地，以金綫織成飛雲，乃豪華之物，一見即追憶角倉金襴矣。且從其所用横裂之點上言之，其珍重之處，亦可思矣。尤不得不謂明末裝飾仿古的刺繡之奢華裝幀耳。

再前述綴織，我國古代稱爲織成，中國稱爲刻絲，或書爲克絲、尅絲。其在《藝苑日涉》「克絲」條中用種種文字，於其末段有次節云云：故刻爲緙，即緯絲所成之花樣耳，而其經絲毫不表現於外者。其意大可取也。其當否之處，姑爲懸案，但存此一説可也。

日本所奉爲綴錦再興之祖，乃故川島甚兵衛氏之遺著《織物誌》中所載西陣之特技，稍有綴錦之説明，今録之如左。

前略。《格致鏡源》引《名義考》曰：刻絲，宋已有之，而刻絲之義未詳。《廣韻》：緙，乞格切。織緯也。則刻絲之刻，本作緙，誤作刻。《周禮·内司服》：翬衣，其色玄，褕狄青，闕狄赤。皆刻繒爲雉形，誤作刻云云。

綴此織物，全由於巧妙手指之作用所製織也。其製法，則於經綫下挾以略圖，通過經綫而透視之，在裝置數多彩絲之小杼上，分綴彩色之部，每減一綫，用爪編之，由於綜絖組織地質，積寸累尺，以至於大成云。

此織法，古來單存於粗畫及小模樣之小幅而已，然今日大加改良，無論若何之細密大幅，亦得自有而製織矣。彼器械進步發達與否，毫不與此製作有關也云云。川島翁之此言，特其結語，大可吟味。

歐美人之論克絲與織成

戴嶽譯《中國美術》下第十一篇百十五圖之女背褡（圖略），克絲織成，成陰藍色。藍地繡上，各種花籃。籃内盛牡丹、荷花、佛手、靈芝、竹枝等物，緣邊織成蘭花，五彩輝映，金絲炫耀。其花樣，又特爲一類。此類花樣之克絲錦，有於花隙中滿繡細林叢枝者，則藻飾尤爲完善。

近日博物院中購入中國重要克絲，觀其花紋之新奇，可知中國繪畫技藝之意趣法式，故頗有研究之價值也。此等克絲，多供應客廳陳設之用。今試舉二例，以釋明其梗概焉。

第一爲百十六圖所示之文錦（圖略），由彩絲及金綫織成，間用筆渲染，以補織工之不逮。與此同樣者，共有四，此其一也。其上所織花紋，爲五月五日競渡龍舟，以弔屈原之景。屈原者，楚之忠臣，紀元前二百九十五年五月五日自沉而死。故今中國人每年是日皆行此節禮。初渡龍舟，意若尋此烈士之軀。後乃以葦箬裹米而投諸江，以祭其忠魂云。

第二爲百十七圖所示之文錦（圖略），上織《壽山圖》，前有拱橋通於山水之間，山坡亭榭高峙，隱現於喬松之中。危崖上桃樹斜生，仙果累累，垂其枝於水面，風景秀雅，清氣飄然。巖石上八仙相聚，他仙亦紛紛渡橋登山而至。各仙之姓名履歷，皆可就其所携之寶物而知之。其最出色者，爲和合二仙，行坐相隨，笑容可掬。又有三足蟾，泳水而來，其友劉海在河岸佇足以俟。空中則仙鶴飛翔，口銜枝條，皆仙人之僕役也。此類文錦之陳於博物院者，尚有他種仙居勝境之花樣，皆爲乾隆時物，約在十八世紀之中期也。

紀聞三　刺繡

繡始於舜

《事物原始》引《事始》「錦繡，西施造」，非也。《虞書》：舜命禹曰：「予欲觀古人之象，日月、星辰、山龍、藻火、華蟲、粉米、黼黻、絺繡，以五采彰施於五色作服，汝明。」《正義》曰：舜令禹刺繡，以五種之彩明施於五色，制作衣服，則舜始爲繡也。

按，《説文》：黹，箴縷所紩衣，從㡀，丵省。席世昌曰：《書·咎繇謨》「絺繡」疏引鄭注：「絺讀爲黹，黹紩也，謂刺也。」與《説文》合。則古文《尚書》定爲黹繡。而鄭注《周禮·希冕》，引《書》「希繡」曰：「希讀爲絺，刺也，或作黹，字之誤也。」按此當是《周禮注》之誤。希、絺皆無訓刺之義，改希爲絺而仍訓刺，反以作黹爲誤，訓與字乖矣。當云希讀爲黹，刺也，或作絺字之誤也。又《周禮疏》云：希繡，孔穎達以細葛上爲繡鄭，讀希爲黹，謂刺繪爲繡鄭是也。觀此，則《周禮》鄭注爲傳寫之誤無疑。

繡繢共職

《周禮》「繢畫」注：凡繡亦須畫乃刺之，故畫、繡二工共其職也。

錦繡繒帛之别自漢已然而花樣之起原亦可考見

史游《急就章》：錦繡縵紝離雲爵，乘風懸鐘華洞樂。豹首落寞兔雙鶴。注：錦，織綵爲文也。繡，刺綵爲文也。縵，無文之帛。紝，設刺也。離雲，言爲雲氣離合之狀也。爵，孔爵也，言刺織此象以成錦繡繒帛之文也。今時錦繡、綾羅及旄氈、毾登之屬，摹寫諸物，無不備具，其來久矣。懸鐘云云，謂華藻之中，兼列衆樂器，以成文章也。豹首，若今獸頭錦。落寞，謂文采相連。

按，翟灝《通俗編》卷三十八引此謂：今織文之簡略者，惟以卍字蟬聯，曰挽不斷，猶《釋名》所謂長命也。華藻者，雜列諸物，往往不相倫類，猶《急就》所云懸鐘、豹首屬也。啟鈐所藏明刻絲故宮屏幛殘片段，其花紋以雲蝠齊飛，各執一物，皆不相倫，即古人兼列衆器以成文章之意，語詳《絲繡録》。

漢宫繡女之考工

《五雜俎》卷一：漢時宫中女工，每冬至後一日多一綫，計至夏至，當多一百八十綫。以此推之，合一晝夜當繡九百餘綫，亦可謂神速矣。不知每綫尺寸若何，又不知繡工繁簡若何，律之於今，恐無復此針絶也。

繡山川地勢

王嘉《拾遺記》：孫權嘗歎蜀、魏未夷有，軍旅之隙思得善畫者，使圖作山川、地勢、軍陣之象。趙逵乃進其妹。權使寫九州江湖、方嶽之勢，夫人曰：「丹青之色甚易歇滅，不可久寶。妾能刺繡，列萬國於方帛之上。」寫以五嶽、河海、城邑、行陣之形，乃進於吴王。時人謂之針絶，雖棘刺、沐猴、雲梯、飛鳶，無此麗也。

繡法華經

唐蘇鶚《杜陽雜編》：永貞元年，南海貢奇女盧眉娘，年十四，工巧無比，能於一尺絹上繡《法華經》七卷。字之大小，不逾粟粒，而點畫分明，細於毛髮，其品題章句，無有遺闕。

繡帥與織帥並列

《宋書·后妃列傳》：太宗留心後房，擬外百官，備位置内職。其官品第五，有繡帥，置人無定數；織帥，置人無定數。又有綵製帥、裝飾帥，皆置人無定數。

唐玄宗朝繡工之興廢

《容齋續筆》卷十六：明皇初即位，以風俗奢靡，乘輿服御、金銀器玩，令有司銷毁，以供軍國之用。其珠玉錦繡，焚於殿前，天下毋得復采織，罷兩京錦坊。其後楊貴妃有寵，織繡之工，專供妃院者七百人。

按，《述異記》：張九齡之弟九皋，爲嶺南節度使。楊貴妃寵盛，織繡之工，專供妃院者至七百人。中外争獻器服，而九皋獨以所獻精靡加三品。

宋繡工之陷金虜

《容齋三筆》卷三：靖康之後，陷於金虜者，帝王子孫、宦門仕族之家，盡没爲奴婢，使供作務。惟喜有手藝，如醫人、繡工之類，尋常只團坐地上，以敗席或蘆藉襯之。遇客至開筵，引能樂者使奏技。酒闌客散，各復其初，依舊環坐刺繡，任其生死，視如草芥。

宋繡書畫

明董其昌《筠清軒秘録》：宋人之繡，針綫細密，用絨止一二絲。用針如髮細者，爲之設色精妙、光采射目。山水分遠近之趣，樓閣得深邃之體，人物具瞻眺生動之情，花鳥極綽約嚵唼之態。佳者較畫更勝，望之三趣悉備，十指春風，蓋至此乎。余家蓄一幅，作淵明潦倒於東籬，山水樹石，景物粲然也。傍作蠅頭小楷十餘字，亦遒勁不凡，用以配子昂《歸田賦》真蹟，亦似得。元人則用絨稍粗，落針不密，閒用墨描，眉目不復如宋人之精工矣。

明項子京《蕉窗九録》：宋之閨繡畫，山水、人物、樓臺、花鳥，針綫細密，不露邊縫。其用絨一二絲，用針如髮細者爲之，故眉目畢具，絨彩奪目，而豐神宛然，設色開染較畫更佳。女紅之巧，十指春風，迥不可及。

按，文震亨《長物志》有論宋繡，與《筠清軒秘録》大致從同。

宋繡所用之針爲朱湯所製

宋陶穀《清異録》：針之爲物至微者也，問諸女流、醫工，則詳言利病，如吾儒之用筆也。朱湯匠氏諳熟精好，四方所推金頭黃鋼小品，醫工用以砭刺者，大三分以製衣，小三分以作繡。

按，惠棟《讀説文記》：竹部有箴字，注云「綴衣箴也」，則箴即箴黹字。此注云「所以縫」，疑後人所加訓。《左傳》欒鍼及秦公子鍼皆音其廉反，與箴字音義皆異。蓋箴、鍼古今字，針又爲鍼之俗字。

乘輿御服畫繡之代興

陳永定元年武帝即位，徐陵曰：乘輿御服，皆採梁制。帝曰：今天下初定，務從節儉。應用繡織成者，並可彩畫。

宋乾德三年，蜀平，命左拾遺孫逢吉收蜀中法物，其不中度者，悉毀之。後又改畫衣爲繡，謂之繡衣鹵簿。其後郊祀皆用之。

歷代帝后服章之繡織制度

《通志・器服略》：後漢明帝永平中，議乘輿備文，日月十二章，刺繡文。晋因不改。大祭祀，衣畫而裳繡日月星辰，凡十有二章。明帝太始四年，詔又以繡冕，朱衣裳。又，舊袞服用織成。建武中，明帝以織太重，以采畫爲之，加金飾銀薄，時亦謂天衣。梁制，平天冠服，衣畫而裳繡十二章。陳永定元年，武帝所定曰乘輿御服，皆採梁制，以天下初定，務從節儉，應用繡織成者並可彩畫。隋改後周制，乘輿袞冕，元衣纁裳。衣，山、龍、華、蟲火、宗彝五章；裳，藻、粉米、黼、黻四章；衣重宗彝，裳重黼、黻，爲十二等。衣褾、領，織成升龍。又，皇太子袞冕，元衣纁裳。衣，山、龍、華、蟲火、宗彝五章；裳，藻、粉米、黼、黻四章。

后妃、命婦服章制度：魏之服制，不依古法，多以文繡。晋自皇后至二千石命婦，皆以蠶衣爲朝服。齊因之。袿襹用繡爲衣裳，黄綬。隋制，皇后褘衣，深青質織，衣領、袖文以翬翟五采重行。十二等婕妤，銀縷織成。宋制，妃褕翟，青羅繡爲褕翟之形。又，皇太子妃之褕翟，則改繡爲織。徽宗政和中，議禮局上命婦之服，其翟衣皆用青羅繡爲翟，編次於衣。又以緅爲領緣，加文繡、重雉爲章二等。金制，皇后褘衣，深青羅織成翬翟之形，領、褾、襈並紅羅織成雲龍。明制，皇后翟衣，深青，織翟文十二等，紅領、褾、襈、裾，織金雲龍文。中單，玉色紗爲之，紅領、褾、襈、裾，織黻文。又，霞帔，深青，織金雲霞龍文，或繡或鋪。又制，鞠衣，紅色，前後織雲龍文，或繡或鋪；緣襈襖子，黄色，紅領、褾、襈、裾，皆織金彩色雲龍文。

繡衣鹵簿

陳振孫《直齋書録解題》：《天聖鹵簿圖記》十卷，翰林學士常山宋綬公垂撰。始太祖朝，鹵簿以繡易畫，號繡衣鹵簿。真宗時，王欽若爲記二卷，闕於繪事，弗可詳識。後與馮元、孫奭受詔質正古義，傅以新制，車騎、人物、器服之品，皆繪其首者，名同飾異，亦別出焉。天聖六年十一月，上之其考訂援證，詳洽可稽。

宋周必大《繡衣鹵簿記》：藝祖皇帝受天眷命，肇造區夏，武功既成，文治斯廣。躬郊禋正，會朝祲威盛容，以次畢行。惟是承五季搶攘之後，鹵簿雖設，踳駁爲甚，易而新之，兹惟其時。於是制誥范質、張昭等，正其繆盭，參定典式。已而禮儀使陶穀奏言：金吾諸衛將軍，暨押仗導駕等官，皆以紫，於禮未稱。請按開元禮，咸用繡袍。至若執仗之士，舊服五色畫衣，後靡有所準式。請以黑爲先，而青、赤、黄、白以次分列，用協五行相生之序。逮有司以《儀注》上，帝御便殿陳而閲之。凡馬步儀仗，總萬有一千二百二十有二人，悉以綜絲絁繡文代彩畫之服，揚輝絢采，丕釐舊弊，亹三代兩漢之盛矣。稽諸《會要》，始造於乾德之四年，而告備於開寶之三年。越明年，謁款圜丘，實始用之想。夫𥢶稍前驅，五輅增副，里以鼓記，車以南指，雞翹豹尾，夭矯婀娜。公卿執事前導後陪，細仗大角壯其容㦗。蓋傘扇備其飾，耋老幼稚，族觀聚歎。向也目熟乎兵革，今乃窺文物旗常之美；向也耳厭乎金鼓，今也聞錫鸞和鈴之音。皇哉治世之鉅典，華夏之偉觀也。竊讀《三聖寶訓》，而知藝祖恭儉之德出於天資，衣用澣濯，器御質素，齋官無三服之獻，織室罷纂組之工，顧於羽衛乃顯設藩飾，如此得無意乎。蓋恭儉者，帝王之盛德也。備羽衛者，國家之上儀也。在漢孝文殿書囊之帷，身以敦樸爲先，及其詔命則曰：鸞旗在前，屬車在後。儀物明盛，猶可想於千載之下。然則聖人所以奉己與華國者，固自殊轍也耶。是以知藝祖之意有在也，列聖繼承，制作益詳，曰大駕，曰法駕，曰鸞駕，曰黄麾仗。或施之躬郊，或用之封祀，或設之朝覲。其多寡有差，其先後可序，揆厥所由，皆自繡衣啟之，貽謀垂裕，永永無極。肆皇帝陛下，紹復祖宗之大業，乃紹興十有三年，築壇南郊，共祀天地。鹵簿之制，實纂乾德，至於歲用，癸亥則視建隆初郊之歲，若合符節，夐觀簡册，未之攸聞。蓋莫爲於前，無以彰異時創業之功；莫繼於後，無以知中興之治。是不可以不特書也。

歷代輿服所用之繡織

《宋史·儀衛志》：乾德三年，太祖親閱鹵簿。四年，始令改畫衣爲繡衣。至開寶三年而成，謂之繡衣鹵簿。

又，政和中，大祀，饗立仗。仗内執絣人並錦帽，五色絁繡寶相花衫。又行幸儀衛尚書、兵部供黄麾仗内法物，罕畢各一，五色繡氅子並龍頭竿挂：第一青繡孔雀氅，第二緋繡鳳氅，第三青繡孔雀氅，第四皂繡鵝氅，第五白繡鵝氅，第六黄繡雞氅。

又，紹興十二年冬，玉輅成。旗物用繡者，以錯采代；車路院香鐙案、衣褥、睥睨，御輦院華蓋、曲蓋及仗内幢角等袋用繡者，以生色代。

又，《輿服志》顯慶輅，左建青旗，十有二旒，皆繡升龍；右載闟戟，繡黻文並青繡綢杠。又設青繡門簾。

又，政和三年頒行車輅之制：玉輅，左右建旗、常，並青。太常繡日月、五星、二十八宿，旗上則繡以雲龍。朱杠，青綃，鈴垂十有二就，流蘇及佩各增十二之數。象輅，朱質，建太常，大赤，繡鳥隼七斿。革輅，朱質，建太常，大白，繡熊虎六斿。木輅，朱質，建太常，大麾，繡龜蛇四斿。

又，芳亭輦，黑質，頂如幕屋，緋羅衣、裙襴、絡帶，皆繡雲鳳。政和之制簾，以紅羅繡鵝爲額。

又，鳳輦，赤質，頂輪下有二柱，緋羅輪衣、絡帶、門簾，皆繡雲鳳。

又，小輿，赤質，頂輪下施曲柄如蓋，緋繡輪衣、絡帶，制如鳳輦而小。

又，腰輿，前後長竿各二，金銅螭頭，緋繡鳳裙，襴上施錦褥，別設小床，緋花龍衣。

又，進賢車，古安車也。衣、絡帶、門簾皆繡鳳。

又，明遠車，古四望車也。駕士四十人，服繡對鳳。

又，白鷺車，皂頂及緋絡帶，並繡飛鷺。

又，鸞旗車，上載赤旗，繡鸞鳥。

又，崇德車，本秦辟惡車也。太祖乾德元年，改赤質，周施花版，四角刻辟惡獸，中載黃旗，赤繡此獸。政和之制，建黃羅，繡崇德旗一。

又，屬車絡帶、門簾，皆繡雲鶴。

涼車，赤質，金塗銀裝，龍鳳五采明金，織以紅黃藤。

又，相風烏輿，周緋，裙繡烏形。

又，十二神輿，緋繡輪衣、絡帶。

又，交龍鉦鼓輿，畫鼓、金鉦上，皆有緋蓋，亦繡交龍。

又，政和六年議：開封牧建繡隼旗，太常卿建繡鳳旗，司徒繡瑞馬旗，御史大夫繡以獬豸，兵部尚書繡以虎，皆副之以闟戟。

又，鞍勒之制，金塗銀鬧裝牡丹花校具八十兩，紫羅繡寶相花雉子。又太平花校具七十兩，紫羅繡瑞草。

又，政和八年，依張邦昌之奏：大旆，黃質九幅，每幅繡升龍一，側幅烏二，下垂黄絲網緌九，金輅建之。大赤，朱質七幅，每幅繡鳥隼二，側幅如之，下垂朱絲網緌七，象輅建之。大白，素質五幅，每幅繡熊一虎一，側幅如之，下垂淺黄絲網緌五，革輅建之。大麾，皂質四幅，每幅繡五采色蛇一，側幅繡龜二，下垂皂絲網緌四，木輅建之。

又，五牛旗，盤衣及輿衣並繡牛形，輿士服繡五色牛衣。

又，幢，韜以袋，繡四神，隨方色。

又，黄麾，絳帛爲之，如幡，錯采成黄麾字，下繡交龍，朱漆竿。

又，金節，黄繡龍袋籠之。

又，蓋繡花龍，賜人臣用者，青繒繡瑞草。

又，扇筤，黄茸繡團龍，朱團繡雲龍或雜花。雉尾，皆方繡。雉尾之狀中，有孔雀雜花。

又，宋初衮服，紅羅襦，五章，青褾、襈、裾。六采……

又，皇太子衮冕，青羅衣，繡山、龍、雉、火、虎蜼五章；紅羅裳，繡藻、粉米、黼、黻四章；紅羅蔽膝，繡山、火二章。

又，凡帳幔、緻壁、承塵、柱衣、額道、項帕、覆旌、床裙，毋得用純錦遍繡。

又，政和二年，詔後苑造纈帛。蓋自元豐初置爲行軍之號，又爲衛士之衣，以辨奸詐，遂禁止民間打造，令開封府申嚴其禁，客旅不許興販纈板。

《金史·儀衛志》：大定十一年，大駕鹵簿，折衝都尉，紫繡辟邪袍、弩弓矢稍，青繡寶相花衫；果毅都尉，紫繡麟袍行止，緋繡寶相花衫；班劍儀刀，緋繡寶相花衫；供奉郎將，緋繡瑞馬袍；夾轂隊折衝都尉，緋繡飛麟袍；掌輦，黄繡寶相花衫。

又，太子常行儀衛，導從庭服梅花繡羅雙盤鳳襖；殿庭與宴𧝓用繡羅間金盤鳳，卓衣則用繡羅獨角間金盤獸。

又，親王傔從首領，紫羅團答繡芙蓉襖，餘人紫羅四褛繡芙蓉襖。

諸妃嬪導從，繡盤蕉紫衫。

又，皇妹皇女導，紫羅繡胸背葵花夾襖。

《元史·輿服志》：裳飾以文繡，凡一十六行，每行藻二、粉米一、黼二、黻二。

蔽膝繡複身龍。

玉環綬，制以納石失金錦也；履，制以納石失，有雙耳，二帶鈎，飾以珠。

又，天子質孫，冬之服，凡十有一等：服納石失金錦也、怯綿里剪茸也，則冠金錦暖帽；服大紅、桃紅、紫、藍、緑寶里寶里，服之有襴者。也，則冠七寶重頂冠；服紅、黄、粉皮，則冠紅金答子煖帽；服白、粉皮，則冠白答子暖帽；服銀鼠，則冠銀鼠暖帽，其上並加銀鼠比肩。俗稱曰忽襻子答。夏之服，凡十有五等：服答納都納石失，綴大珠於金錦，則冠寶頂金鳳鈸笠；服速不都納石失，綴小珠於金錦，則冠珠子捲雲冠；服納石失。則帽亦如之；服大紅珠寶里、紅毛子答納，則冠珠緣邊鈸笠；服白毛子金絲寶里，則冠白藤寶貝帽；服駝褐毛子，則帽亦如之；服大紅、緑藍、銀褐、棗褐金繡龍五色羅，則冠金鳳頂笠，各隨其服之色；服金青羅，則冠金鳳頂漆紗冠；服珠子褐七寶珠龍答子，則冠黄牙忽寶貝珠子帶後簷帽；服青速夫金絲闌子，速夫，回回毛布之精者也。則冠七寶漆紗帶後簷帽。

又，百官質孫，冬之服，凡九等：大紅納石失一，大紅怯綿里一，大紅冠素一，桃紅、藍、緑。官素各一，紫黄、鴉青各一。夏之服，凡十有四等：素納石失一，聚綫寶里納石失一，棗褐渾金間絲蛤蛛一，大紅官素帶寶里一，大紅明珠答子一，桃紅、藍、緑、銀、褐各一，高麗鴉青雲袖羅一，駝褐、茜紅、白毛子各一，鴉青官素帶寶里一。

又服色等第：帳幕，一品至三品，許用金花刺繡紗羅；四品五品，用刺繡紗羅；六品以下，用素紗羅。

又，玉輅，左建大常旂，十有二斿，青羅繡日月、五星、升龍；右建闟戟一，九斿，青羅繡雲龍。

又，革輅，用白羅。

又，木輅，用皂羅。

又，華蓋，制如傘而圓頂隆起，赤質，繡雜花雲龍，上施金浮屠。

又，曲蓋，繡瑞草。

又，導蓋，繡龍。

又，朱團扇，緋羅，繡盤龍。

又，崇天鹵簿，金吾將軍，紫羅繡辟裲襠；監門將軍，紫羅繡獅子裲襠；武衛將軍，紫羅繡瑞鷹裲襠；左右衛將軍，紫羅繡瑞馬裲襠；都檢點，紫羅繡麟裲襠。

《明史·輿服志》：洪武十六年，定袞服。玄衣黃裳，十二章。日、月、星辰、山、龍、華蟲六章織於衣，宗彝、藻、火、粉米、黼、黻六章繡於裳。白羅大帶，紅裏。蔽膝，隨裳色繡龍、火、山。

又，永樂三年，定金龍文，衮服十有二章。玄衣八章，日、月、龍在肩，星辰、山在背，火、華蟲、宗彝在袖，皆織成本色領、褾、襈、裾。纁裳四章，織藻、粉米、黼、黻各二；青領、褾、襈、裾，領織黻文十三。蔽膝隨裳色四章，織藻、粉米、黼、黻各二。

又，皇后翟衣，深青，織翟文十有二等，間以小輪花，紅領、褾、襈、裾，金雲龍文。中單，玉色紗爲之，紅領、褾、襈、裾，織黻文十三。蔽膝，隨衣色織翟爲章三等，間以小輪花四，以緅爲領緣，織金雲龍文。又大帶，末純紅，下垂織金雲龍文。副帶一，綬五采，黃、赤、白、縹、緑，纁質，施二玉環，皆織成小綬。

又，青襪，纁質，織成。

又，皇太子冠服。洪武二十六年定，衮服九章。衣五章，織山、龍、華蟲、宗彝、火。裳四章，織藻、粉米、黼、黻。白紗中單，黻領。蔽膝隨裳色，織火、山二章。

又，皇太子妃翟衣，青質，織翟文九等，間以小輪花。紅領、褾、襈、裾，織金雲龍文。中單，玉色紗爲之，紅領、褾、襈、裾，領織黻文十一。蔽膝隨衣色，織翟爲章二等，間以小輪花三，以緅爲領緣，織金鳳文。

又，命婦冠服，洪武五年定，一品，用長襖緣𮊺，或紫或緑，上施蹙金繡雲霞翟文。看帶，用紅、緑、紫，上施蹙金繡雲霞翟文。

又，一至九品，長裙，横豎皆繡纏枝花文。

又，三品，長襖及看帶繡雲霞孔雀文，長裙繡纏枝花文。

又，五品，霞帔上施繡雲霞鴛鴦文，長襖同。

又，六品，霞帔施繡雲霞練鵲文。八品、九品，褙子繡摘枝團花。

明乘輿儀仗之用繡用織

鹵簿所用繡織各品，以明制爲最詳。今依《續通志·器物略》所述明制皇帝儀仗摘録如左。

紅羅直柄華蓋繡傘四，紅羅曲柄繡傘四，黄羅直柄繡傘四，紅羅直柄繡傘四，黄羅曲柄繡傘二。

紅羅繡花扇十二，紅羅繡雉方扇十二。

黄羅曲柄繡九龍傘一。

白澤旗二，一紅質，四旁加黃襴赤火焰，間綵脚，傍竿加紅腰。綵織白澤飛狀及雲文。旗上有素額，織白澤二青字，旗身黃襴火焰，長六尺六寸，廣二尺九寸。揭以硃漆竹竿，長一丈三尺六寸九分。内貼金木鎗頭，長一尺三寸五分，飾以紅纓，襏用鐵。一青質，但織白澤爲走狀，餘同前制。凡繡旗，襴、脚、腰、額並字、色、竿、纓襏，制皆同，惟黃旗、北斗旗稍異。門旗紅質，中織金爲門字，餘同白澤制。

金龍旗十二，青質，織金雲龍文，額織龍旗二字。日旗，青質，織爲紅日色及日字。月旗，青質，織爲月白色及月字。風旗，青質，織箕星四及風字。雲旗，青質，織五色雲文及雲字。雷旗，青質，織雷文五及雷字。雨旗，青質，織畢星八，附耳一星在旁，及雨字。木星旗，青質，織木星一及木字。火星旗，赤質，織火星及一火字。土星旗，黃質，織土星一及土字。金星旗，白質，織金星一及金字。水星旗，黑質，織水星一及水字。角宿旗，青質，織角宿二及角字。亢宿旗，青質，織亢宿四及亢字。氐宿旗，青質，織氐宿四及氐字。房宿旗，青質，織房宿四，鈎連二小星在旁，及房字。心宿旗，青質，織心宿三及心字。

尾宿旗，青質，織尾宿九、神容小星一及尾字。箕宿旗，青質，織箕宿四及箕字。

斗宿旗，青質，織斗宿六及斗字。牛宿旗，青質，織牛宿六及牛字。女宿旗，青質，織女宿四及女字。虚宿旗，青質，織虚宿二及虚字。危宿旗，青質，織危宿三及危字，又四星在下。室宿旗，青質，織室宿二及室字，又六星在旁。壁宿旗，青質，織壁宿二及壁字。奎宿旗，青質，織奎宿十六及奎字。婁宿旗，青質，織婁宿三及婁字。胃宿旗，青質，織胃宿三及胃字。昴宿旗，青質，織昴宿七及昴字。畢宿旗，青質，織畢宿八及畢字，附耳一星在旁。觜宿旗，青質，織觜宿三及觜字。參宿旗，青質，織參宿七及參字，又四小星在左足下，三星在内。井宿旗，青質，織井宿八及井字，又一星在旁。鬼宿旗，青質，織鬼宿四及鬼字。柳宿旗，青質，織柳宿八及柳字。星宿旗，青質，織星宿七及星字。張宿旗，青質，織張宿六及張字。翼宿旗，青質，織翼宿二十二及翼字。軫宿旗，青質，織軫宿四及軫字。又一星在中，左右二星在旁。北斗旗，黑質，黄襴、黑腰、火焰，間綵脚，織北斗七及北斗二字，又一星在旁。東嶽旗，青質，織綵爲山形及東嶽二字。南嶽旗，赤質，織山形及南嶽二字。中嶽旗，黄質，織山形及中嶽二字。西嶽旗，白質，織山形及西嶽二字。北嶽旗，黑質，織山形及北嶽二字。江旗，赤質，織水紋及江字。河旗，白質，織水文及河字。淮旗，青質，織水文及淮字。濟旗，黑質，織水文及濟字。青龍旗，青質，織青龍形雲文及青龍二字。白虎旗，白質，織白虎形雲文及白虎二字。朱雀旗，赤質，織朱雀形雲文及朱雀二字。元武旗，黑質，織龜蛇形雲文及元武二字。天禄旗，赤質，織天鹿形雲文及天鹿二字。天馬旗，赤質，織天馬形雲文及天馬二字。鸞旗，赤質，織鸞形雲文及鸞字。麟旗，赤質，織麟形雲文及麟字。熊旗，赤質，織熊形雲文及熊字。羆旗，赤質，織羆形雲文及羆字。傳教幡十，制同黄麾，但額用黄羅繡青傳教二字，中描金升降雲龍，無下節雲日，三簷用緑羅，頭銜銅佩四、銅鈴三十二，其銅俱抹金。告止幡十，制同黄麾，但額用黄羅繡青告止二字，描金升降鸞鳳雲文，三簷用青，銅佩鈴如傳教之數。信幡十，制同黄麾，但用黄羅額繡青信字，描金升降雲龍，與傳教同，但三簷用黄羅，銅佩鈴如傳教之數。

清乘輿儀仗之用繡用織

《工部製造庫料工則例》：乘輿儀仗做法内，涉及繡織兩事者甚多，今摘録如左。

大禮轎，上簷瀝水計摺子八十個，下簷瀝水計摺子九十個，每摺俱繡金綫行龍一條。

九龍曲柄傘，頂面黃羅緞彩織雲文，下垂三簷，每簷黃羅緞織五彩金龍三條，上綴金鈴、綵織飄帶二條。

紫芝蓋，繡五色靈芝二十四朵。

翠華蓋，頂面並下垂三簷，俱用緑緞滿繡孔雀翎。

九龍直柄傘，頂面羅緞彩織雲紋，下垂三簷，每簷羅緞織五彩金行龍三條，彩織飄帶二條。

五色羅緞織五彩金四季花直柄傘，頂面羅緞彩織雲文，下垂三簷，每簷羅緞織五彩四季花飄帶二條。

壽字扇，中繡藍壽字一個，徑九寸，字畫寬四分，兩邊各繡五彩圈金綫盤龍一條，藍羅緞，邊繡銀回紋字三個。

黃緞繡雙龍圓扇，扇面黃羅緞，繡五彩圈金綫雙龍。

紅黃緞繡單龍圓扇，單龍，餘同前。

孔雀扇，兩面俱用緑緞滿繡孔雀翎。

雉尾扇，兩面俱用霞色緞滿繡雉尾。

紅鸞鳳方扇，扇面紅羅緞，繡五彩圈金綫鸞鳳、四季花心，緑羅緞繡孔雀翎邊。

黄緞滿繡雙龍圓扇，扇面黄緞繡五彩圈金綫雙龍。

紅緞滿繡龍圓扇同上。

長壽幢，羅緞繡雲龍簷二層，黄紗繡藍壽字。

紫幢，黄緞繡金龍寶蓋，紅羅緞繡金雲束腰，上簷藍緞，下簷緑緞，均繡二色金龍，紫紗繡百蝶、四季花。

霓幢，黄羅緞繡金龍寶蓋，紅羅緞繡金雲束腰，上簷藍緞，下簷緑緞，均繡二色金龍，月白紗繡五色虹霓。

羽葆幢，緑羅緞繡金龍寶蓋，黄緞繡金雲束腰，上簷紅羅緞，下簷緑羅緞，均繡二色金龍。

信旛，五色羅緞繡雲龍三簷寶蓋，紅羅緞繡龍夾，旛身中綴黄緞牌子一塊，上繡荷葉蓋，下繡蓮花座，中繡信旛滿漢字様。

絳引旛，羅緞繡雲龍簷三層，旛身五色羅緞繡雲龍。

龍頭竿旛，五色羅緞繡雲龍三簷寶蓋，旛身黑羅緞，上下繡番草，中繡行龍。

教孝表節及各旌，旌身均垂紅緞，繡金綫花草，中綴黃緞牌子，上繡旌名滿漢字樣，兩旁各綴藍緞番草行龍夾飄帶。

金節，羅緞繡雲龍簷二層，黃紗繡雙龍，黃羅繡金雲束腰。

黃麾，羅緞繡雲龍簷三層，麾身紅羅緞繡龍，中綴黃牌子，上繡黃麾滿漢字樣。

儀鳳翔鸞、仙鶴孔雀、黃鵠白雉、赤雁華蟲、振鷺鳴鳶、遊麟彩獅、白澤角端、赤熊黃羆、辟邪犀牛、天馬天鹿等旗，各兩面彩繡各本形，但禽用月白素緞，獸用黃素緞。

青龍白虎、朱雀神武等旗同前，但地用素緞，各如其方之色。

江、河、淮、濟四瀆旗，用紅、白、藍、黑素緞彩繡江牙海水形。

東、南、西、北、中五嶽旗，用各色素緞彩繡金綫山形。

金、木、水、火、土五星旗，用各色素緞繡金綫星形。

二十八宿旗同上。

甘雨旗，用灰色素緞彩繡行龍。

八風旗，用各色素緞繡金綫八卦。

五雷旗，用五色素緞繡金綫雷文。
五雲旗，用五色素緞繡五彩流雲。
日月旗，用藍素緞金綫繡日月、金烏、玉兔形。
門旗，用紅素緞繡金綫滿漢門字。
金鼓旗，用黄素緞繡金綫滿漢金鼓字。
翠華旗，用藍素緞繡孔雀。
出警、入蹕二旗，用黄緞分繡金滿漢出警、入蹕字。

織染局針工局明清設有專官

《京師坊巷志》引《蕪史》： 内織染局，掌染造御用及宫内應用緞匹絹匹之類。有外廠在朝陽門外。又有藍靛廠在都城西，本局之外署。針工局，掌内官長隨内使小火者，冬夏衣每年遞散一次，遇辰、戌年，各散鋪蓋銀一次。又《舊聞考》： 織染局原建嵩祝寺後，乾隆十六年，移萬壽山之西，與稻田毗近，立石曰「耕織圖」，原機上「織染局」三字，今改爲「耕織圖」。

清繡作用料工則例

《清工部製造庫諸作料工則例》内，有《繡作用料工則例》一卷，詳列上方用繡品如左。

用料則例

凡繡坐龍緞韂，内務府每折見方尺，一尺如繡净金活，用細金綫拾肆支，押金披貳錢，粗金綫貳拾支，押金披貳錢；繡披絨活，用繡披貳兩肆錢，繡絨貳兩陸錢。

製造庫每副計折見方尺，陸尺用各色繡絨陸兩，紅金綫拾紐，左右綫用深藍絨叁錢、棉綫壹錢。今擬每折見方尺，壹尺用各色繡絨壹兩，紅金綫壹紐陸分，深藍絨伍分，棉綫壹分陸厘。

凡繡行龍緞韂，内務府無定例。製造庫每副計折見方尺，陸尺用各色繡絨陸兩，紅金綫拾紐，左右綫用深藍絨叁錢、棉綫壹錢。今擬每折見方尺，壹尺用各色繡絨玖錢伍分，紅金綫壹紐伍分捌厘，深藍絨肆分柒厘，棉綫壹分伍厘捌毫。

凡繡夔龍緞韂，内務府無定例。製造庫每付計折見方尺，陸尺用各色繡絨陸兩，紅金綫拾紐，左右綫用深藍絨叁錢，棉綫壹錢。今擬每折見方尺，壹尺用各色繡絨玖錢，紅金綫壹紐伍分，深藍絨肆分伍厘，棉綫壹分伍厘。

凡繡拉車行龍辮綫緞韂，内務府無定例。製造庫每副計折見方尺，捌尺用各色絨綫捌兩，左右綫用藍絨叁錢，定粉叁錢，棉綫伍錢。今擬每折見方尺，壹尺用各色繡絨壹兩，深藍絨叁分柒厘，定粉叁分柒厘，棉綫陸分貳厘。

凡繡緞水韂，内務府每折見方尺，壹尺用絨壹兩伍錢。製造庫每付計折見方尺，捌尺用各色繡絨陸兩伍錢，畫用定粉叁錢。今擬每折見方尺，壹尺用各色繡絨捌錢壹分貳厘，定粉叁分柒厘。

凡繡緞駕衣，内務府無定例。製造庫每件繡團獅子叁拾陸個，各色絨綫壹兩柒錢，畫用定粉叁錢。今擬每件用各色繡絨綫壹兩柒錢，定粉叁錢。

凡繡賞賜朝鮮國王八寶魚緞韂，内務府繡魚韂，每折見方尺，壹尺用雜色絨貳兩陸錢，細金綫柒支，押金披捌分，繡披壹兩貳錢，粗金綫拾支，押金披壹錢，繡絨壹錢。製造庫每付計折見方尺，陸尺用各色繡絨肆兩伍錢，紅金綫捌紐，左右綫用深藍絨叁錢，棉綫壹錢，畫用定粉叁錢。今擬每折見方尺，壹尺用各色繡絨柒錢，紅金綫壹紐叁分，深藍絨伍分，棉綫壹分陸厘，定粉伍分。

凡繡布水韂，内務府每折見方尺，壹尺用棉綫壹兩伍錢。製造庫每付計折見方尺，捌尺用棉綫陸兩貳錢，畫用定粉叁錢。今擬每折見方尺，壹尺用各色棉綫柒錢柒分，定粉叁分柒厘。

用工則例

凡繡坐龍韂，内務府每折見方尺，壹尺用長工拾伍工，短工拾柒工，製造庫係食糧匠役繡造。今擬每折見方尺，壹尺用畫匠貳工，繡匠伍工。

凡繡行龍韂，内務府無定例，製造庫係食糧匠役繡造。今擬每折見方尺壹尺，用畫匠貳工，繡匠肆工伍分。

凡繡夔龍韂，内務府無定例，製造庫係食糧匠役繡造。今擬每折見方尺壹尺，用畫匠壹工，繡匠肆工。

凡繡拉車行龍辮綫緞韂，内務府無定例，製造庫係食糧匠役繡造。今擬每見方尺，壹尺用畫匠貳工，繡匠肆工。

凡繡緞水韂，内務府每折見方尺，壹尺用長工拾貳工，短工拾肆工，製造庫係食糧匠役繡造。今擬每折見方尺，壹尺用畫匠貳工，繡匠叁工伍分。

凡繡緞駕衣，内務府無定例，製造庫係食糧匠役繡造。今擬每件用畫匠壹工，繡匠陸工。

凡繡賞賜朝鮮國王八寶魚緞韂，内務府每折見方尺，壹尺用長工拾伍工，短工拾柒工。製造庫係食糧匠役繡造。今擬每折見方尺，壹尺用畫匠壹工捌分，繡匠肆工伍分。

凡繡布水韂，内務府每折見方尺，壹尺用長工伍工伍分，短工陸工伍分。製造庫係食糧匠役繡造。今擬每折見方尺，壹尺用畫匠壹工，繡匠貳工。

歐美人之論繡花

戴嶽譯《中國美術下》第十一篇：繡花者，藉手指之力，以針刺成，不假機杼及他種機械之助者也。中國人心靈敏而性情忍耐，巧於繡花，張其素絹於木架，尖軸承之，先繪略圖於其上，然後以粗絲絨組紃續之。其花紋有平坦者，有圓垜厚堆若紐結者而表裏光滑如一者，尤爲精善，非繡時針針留心藏其端緒，不能若此也。圖書之足供刺繡家參考者，在中國亦不鮮見。書中列舉各種花樣之形狀、名稱，多皆淵源有本。乾隆時改定禮服制度，凡帝王、卿相、后妃、夫人等衣服上之繡花，及各時令、各祭典所用之特別服飾，皆有一定式樣，勿得逾制。且裝成書帙，蓋御璽其上，而重爲定典焉。庚子年圓明園被劫，書爲英人所得，書中之完善精細圖畫，現多有挂於英之博物院墻上者。欲知中國各級官吏章服上之花樣裝飾者，可參閱斯圖也。

百一十八圖所示者(圖略)，爲龍衮一領。緞色淡緑，緣邊鑲淡藍花緞，以彩絨金絲等繡成花紋。下襜中央繡三峰嶺。四圍白浪洶湧，環激其上。浪面雲氣縱横，瀰漫周身。雲中現五爪龍，隨靈珠而張牙舞爪。又雜有蝙蝠、卍字及福、壽等字圖，其壽字圖，用萬歲二字構成。

百一十九圖所示者(圖略)，爲新婦頭上所戴之繡幅。緞色紅，花樣由彩絨金絲繡成。有趕珠龍及鳳凰銜牡丹花枝像，故可知其爲宫中用物也。緞面又繡滿各樣卷花及葫蘆器，正中繡雙喜二大字，乃新婚時所用之特別標識也。

中國人長於刺繡花鳥，而廣東人於此技尤爲特長。前二世紀時，廣東刺繡多輸入歐洲，有廣東人專從事於行銷歐洲之各種繡花者。其繡花樣式，與當時歐洲人所用之廣東裱墻紙相似。昔蘆賽爾（Mr. A. G. B. Russel）著有論此紙之文，於一九零五六年六月間登於《不令東雜誌》（*Burlingtoh Magazine*）中。謂十六世紀時，即有荷蘭、西班牙商人，自中國販運此紙，以入歐洲。至十七世紀末，乃風行我英倫三島。其紙之下部，多繪列樹，樹上花萼向榮，碩果累累。今看音（Kent）之意，謝模（Ightham Mote）之墻上及打來公（Earl of Dsrnley）之苛害廳屋（Cobham Hall）中猶有斯紙之遺跡也。蘆賽爾又詳述十七世紀時活東恩得季（Wotton-under-Edge）墻上所裱之紙，其言曰：「兩岸樹木叢生，河中荷芰、水草浮現水面，群鴨游泅其中；樹間野鳩、仙鶴往來環飛，有棲集於枝上者。采繪之色，配合得宜。鮮羽之鳥，美麗之花，閃耀於緑葉青菓中，灼爍猶如珠玉。」以之裱於平滑之墻面，粘合無間。雖不假他術襯托，望之自具遠近起伏之勢。其花樣之巧妙，誠可爲裝飾品之必需物也。

若移蘆賽爾此言以敘述中國之錦屏繡帳，亦頗切當。惟因限於篇幅，不能取繡花屏帳之大者揭出，以資比較。

百二十圖所示者(圖略)，乃一棕色絹幅，閲之亦可略窺中國繡花之一斑。其絹以彩絨繡蓮花、荷葉及水草、飛燕，有漿薄敷其上，似直取之於工人之繡架上者。

百二十一圖之畫軸所示者(圖略)，乃廣東人所繡。軸上柳枝散披，裊娜而下垂。其下石縫中栽芍藥一株，華英怒發。燕雀數頭，飛繞棲息其上。一翠鳥止其中，尤覺鮮麗出色。軸之下，繡白鶴一對。軸之上，繡字二行：一行爲題此繡畫之詩；一行爲繡工侶石之名，及其所居之齋名，並言明此畫係仿自何人用意。侶石之下，又署一篆文印章，亦侶石二字也。

百二十二圖所示者(圖略)之素絹繡軸，似來自蘇州。畫意古雅，體裁合法。針步長短不一，彩絨中縫入金絲，平伏如一，不顯凸凹之狀。軸中繡一麗人像，執扇當胸，一幼女拈花俟其旁。巖縫中花樹芳草叢生，蝴蝶、蜻蜓、羽鳥、草蟲飛止跳躍其間。軸下微露欄杆。畫軸作直角長方形，玩其風格，似十八世紀人所製者。

契丹對宋及外國進貢所用刻絲及諸織物

宋葉隆禮《契丹國志》卷二十一：契丹賀宋朝生日禮物：宋朝皇帝生日，北朝所獻，刻絲花羅御樣透背御衣七襲或五襲七件細錦透背清平内製御樣、合綫縷機綾共三百匹，紅羅金銀綫繡雲龍紅錦器仗一副。正旦，國母又致御衣綴珠貂裘、細錦刻絲透背、合綫御綾羅綺紗縠，果實、雜粆、腊肉凡百品。

宋朝賀契丹生辰禮物：錦綺透背、雜色羅紗綾縠絹二千匹，雜綵二千匹。正旦，雜色羅綾紗縠絹二千匹。

宋朝勞契丹人使物件：至都亭驛，各賜錦衾褥。

朝見日，賜大使綵帛二百匹，副使綵帛二百匹。其從人上節十八人，各練鵲錦襖及衣四件，綵帛二十匹；中節二十人，各寶照錦襖及衣三件，綵帛二十匹；下節八十五人，各紫綺襖衣四件，綵帛二十匹。辭日，辭大使盤球暈錦窄袍及衣六件、綵帛一百匹，副使紫花羅窄袍及衣六件、綵帛一百匹，雜色羅錦綾絹百匹，從人各加紫綾花絁錦袍及綵帛。

外國貢進禮物：新羅國貢進物件，紫花綿紬一百匹，白綿紬五百匹，細布一千匹，粗布五千匹。橫進物件，織成五彩御衣無定數。

契丹每次回賜物件，細錦綺羅綾二百匹，衣著絹一千匹。

契丹賜奉使物件，錦綺三十匹，色絹一百匹，上節從人絹二十匹，下節從人絹十匹，紫綾大衫一領。

西夏國進貢物件，綿綺三百匹，織成錦被褥五合。

楬黑絲門得絲、怕里呵褐里絲，皆細毛織成，以二丈爲匹。

按，此條所列刻絲，仍是服用而與織成互見，可爲北宋末年刻絲、織成嬗遞盛行之證。

又按，此條應列在錦綾類「南宋付金禮物所用匹物」條之前，因排印遺脱，故附列於此，但目録仍照列。

絲繡筆記卷下

辨物一　錦綾羅紗絹附

鸞章錦

《拾遺記》：周靈王起昆昭之臺，以享群臣，張鸞章錦，文如鸞翔。

雲崑錦　列堞錦　雜珠錦　篆文錦　列明錦

《拾遺記》：成王五年，有因祇之國，去王都九萬里，獻女工一人。善工巧，體貌輕潔，被纖羅雜繡之衣，長袖修裾，風至則結其衿帶，恐飄飄不能自止也。其人善織，以五色絲内於口中，手引而結之，則成文錦。其國人來獻，有雲崑錦，文似雲從山嶽中出也。有列堞錦，文似雲霞覆城雉樓堞也。有雜珠錦，文似貫珠佩也。有篆文錦，文似大篆之文也。有列明錦，文似羅列燈燭也。幅皆廣三尺。

蒲桃錦

晋葛洪《西京雜記》：尉佗獻高祖鮫魚、荔枝，高祖報以蒲桃錦四匹。又霍光妻遺淳于衍蒲桃錦二十四匹，散花綾二十五匹。綾出鉅鹿陳寶光家。寶光妻傳其法，霍顯召入其第，使作之。機用一百二十鑷，六月成一匹，匹直萬錢。

緑地五色錦

《西京雜記》：漢武帝得貳師天馬，以玫瑰石爲鞍，縷以金銀鍮石，以緑地五色錦爲蔽泥。

連烟錦

郭子横《洞冥記》：漢武帝元鼎元年，起仙靈閣，編翠羽麐豪爲簾，有連烟之錦、走龍之繡。

五色雲錦

漢伶玄《飛燕外傳》：遺女弟昭儀物，有五色雲錦帳。

蛟文萬金錦

《飛燕外傳》：漢成帝賜樊嫕蛟文萬金錦二十四匹。

紫鸞錦

《西京雜記》：漢明帝宫中藉地以紫鸞之錦、翠鴛之繡。

綈　錦

《西京雜記》：漢制，天子玉几，冬則加綈錦其上，謂之綈几，以象牙爲火籠，籠上皆散華文。後宫則五色綾文，公侯不得加綈錦。

吸花絲錦

《杜陽雜編》：越巂國有吸花絲，凡花著之即不墜，用以織錦。漢時國人奉貢武帝，賜麗娟二兩，命作舞衣。暮宴於花下，舞時故以袖拂落花，滿衣都著，舞態愈媚，謂之百花舞衣。

如意虎頭連璧錦　温熟錦

張澍《蜀典》：魏文帝詔：前後每得蜀錦，殊不善，鮮卑尚復不受也。吴所織如意虎頭連璧錦來至洛邑，亦皆下惡，是爲下士之物，皆有虚名。按山謙之《丹陽記》：歷代尚未有錦，而成都獨稱妙。故三國時，魏則市於蜀，吴亦資西蜀，至是始有之。是曹子桓之言不善，非實録也。吴張温云：劉禪送臣温熟錦五端。

絳地交龍錦　紺地勾文錦　異文雜錦

《魏志·東夷傳》：景初二年，賜倭女王絳地交龍錦五匹，紺地勾文錦三匹。正始八年，倭女王貢異文雜錦二十匹。

《通雅》：凡錦皆有地。絳地，裴松之不知，欲改爲綈，可笑也。

武侯錦

《黔書》：錦用木棉綫染成五色織之，質粗有文采。俗傳武侯征銅仁蠻不下，時蠻兒女患痘有殤，求之武侯。教織此錦爲卧具，立活，故至今名之曰武侯錦。

雲龍虬鳳錦

《拾遺記》：吴主趙夫人巧妙無雙，能於指間以綵絲爲雲龍虬鳳之錦，大則盈尺，小則方寸，宫中謂之機絶。

石趙尚方錦名

《鄴中記》：石虎織錦署，在中尚方有大登高、小登高、大明光、小明光、大博山、小博山，大茱萸、小茱萸、大交龍、小交龍、蒲桃文錦、班文錦、鳳凰錦、朱雀錦、韜文錦、桃核文錦。又，石虎冬月施熟錦流蘇斗帳，四角安純金龍頭，銜五色流蘇，或用黄地博山文錦，或用紫綈小光明錦。

立鳳朱錦

宋馬縞《中華古今注》：三代及周著角韈，以帶繫於踝。至魏文帝吴妃乃改樣，以羅爲之，後加以綵繡畫，至今不易。至隋煬帝宫人，織成五色立鳳朱錦。

熟錦衣

《國史補》：韋皋在西川，凡軍士將吏有婚嫁，則以熟錦衣給其夫氏，以銀泥花給其女氏，各給錢一萬。死喪稱是，訓練稱是。内附者富贍之，遠遊者將迎之。極其賦斂，坐有餘力。故軍府盛而黎氓重困。及晚年爲月進，終致劉闢之亂，天下譏之。

李衛公素錦袍　紫文綾襖　黄綾袍　緋綾袍　素錦襖　素錦半袖

唐韋端符《衛公故物記》：三年冬，端符於三原令座中揖其郡官。有客曰某丞李，謂端符曰是衛公之胄也。其家傳賜書與他服器十餘物者。訖讌，端符即丞居爲客謁。丞延入就列，端符因跪請曰：「籍君爲僕射公之嗣，因願見僕射公之烈之多。其事辭雖文記，或闕，略具天下耳舌矣。聞君世傳文帝詔與公服物者，願得以觀。」丞慘慘曰：「諾。」即其家偃僂躍步，奉賜書一函、他物一器出。發視，玉帶一，首末爲玉十有三。方者七，挫兩隅者六，每綴環焉，爲附而固者以金。丞曰：「傳云環者，列佩用也。玉之粹者，若含怡然；澤者，若涣釋然。公擒蕭銑時，高祖所賜于闐獻三帶，其一也。素錦袍一，其襟袂促小，裁製絶巧密，光爛爛如波，旁出紫文。綾襖一，促製小袖如袍，其爲文林樹於上，其下有馳馬射者，又雜爲狻猊貙橐駝者。靴袴一，往來鈎屬鎖劍之，疑非華人所爲也，自始傳於今，莫能名其象。笏一，差狹，不類今笏者。佩筆一，奇木爲管韜，刻飾以金，别爲金環以限難其間韜者。火鏡一，大觿一，小觿一，筭囊一，椰杯一。蓋常佩於帶環者十三物者，亡其五，有存者八。大帝爲兒時，與公子某年上下。文帝命宫中，侍吾兒戲，即賜以皇子服物。黄緞袍、緋綾袍，皆爲龍鸞文。素錦襖，粹色爲花若鳥者。素錦半袖、小笏，皆緻巧功良，今工爲之不能也。文帝賜書二十通，多言征討事，厚勞苦，信必威賞而已。其兵事節度皆付公，吾不從中理也。既公疾，親詔者數四。其一曰：「有晝夜視公病中老嫗，令一人來，吾欲熟知起居狀。」丞曰：「權文公視此詔，常泣曰：『君臣之際乃如是耶。』」

端符既畢觀，中若有物擊惻其心者。於玉帶，見遠方致物，而上不專有，以賜有功也。於文錦衆物，見其時之工志，功不至靡也。於賜公子以皇子衣服，見視臣如友而游兒也。於詔征討，見擇將才付將職也，上嘗不曲制其事，旁他可動哉！於問公疾，見上答憫公，如家人之視子姓也。公之勞烈如是其大，固有以感之，獨推其運，吾不信也。丞曰：「子觀吾家故物，異他人之觀，一似動色隱心者。於霜露變時，每閲省是物。人雅謂子工文辭，幸爲記。」吾得慰吾慕思也，故曰記衛公故物。

唐古錦裾

唐陸龜蒙《錦裾記》：侍御史趙郡李君，好事之士也。因予話上元瓦官寺有陳後主羊車一輪，天后武氏羅裙、佛旛，皆組繡奇妙。李君乃出古錦裾一條，幅長四尺，下廣上狹，下闊六寸，上減三寸半，皆周尺如直。其前則左有鶴二十，勢若飛起，率曲折一脛，口銜葩莩；輩右有鸚鵡聳肩舒尾，數與鶴相等。二禽大小不類，而隔以花卉，均布無餘地。界道四向，五色間雜。道上累細鈿點綴，其中微雲璅結，互以相帶，有若駮霞殘虹，流烟墮霧。春草夾逕，遠山截空。壞墻古萡，石泓秋水。印丹浸漏，粉蝶塗染。盤縮環佩，雲陰涯岸。濃淡霏拂，靄抑冥密。始如不可辨別，及諦視之，條段斬絕，介畫處非繡非繪，縝緻柔美，又不可狀也。裏用繪綵，下製綫尚如舊，兩旁皆解散。蓋圻滅零落，僅存此故耳。縱非齊梁物，亦不下三百年矣。昔時之工如此妙耶！曳其裾者，復何人哉？因筆之爲辭，繼於錦裾之後，俾善詩者賦焉。

錦襖

□□□□唐宣宗嘗語大臣曰：元宗時内府錦襖二，飾以金雀，一以自御，一與貴妃。今則卿等家家有之矣。今之富家鉅族以錦繡爲常服，而市井温飽之家織金裝蟒，公然僭用，京師尤甚。親戚宴集，貧者亦借貲用之，無有品制矣。

魚油錦

《杜陽雜編》：唐會昌中，女王國貢龍油綾、魚油錦，文彩尤異，入水不濡濕，云有龍油、魚油故也。

冰蠶錦

《樂府雜録》：康老子遇老嫗持錦褥貨鬻，乃以半千獲之。波斯人見曰：此冰蠶絲所織也。暑月置於座，滿室清凉。

神錦衾

《杜陽雜編》：唐元和八年，大軫國貢神錦衾。錦乃冰蠶絲所織，方二尺，厚一寸，其上龍文鳳彩，殆非人工。其國以五色石甃池，採大柘葉飼蠶於池中。始生如蚊睫，游泳於其間，及老可五六寸。池中有挺荷，雖驚風疾吹不能傾動，大者可闊三四尺。而蠶經十五月即跳入荷池中，以成其繭，形如斗，自然五色。國人繅之，以織神錦，亦謂之靈泉絲。上始覽錦衾，與嬪御大笑曰：「此不足爲嬰兒繃席，曷能爲我被邪？」使者曰：「此錦之絲，冰蠶也，得水則舒，水火相返，遇火則縮。」遂於上前令四官張之，以水一噴之，則方二丈，五色焕爛，逾於向時。上嘆賞其奇異，因命藏之內庫。

明霞錦

《杜陽雜編》：唐大中初，女蠻國貢明霞綿錦，練水香麻以爲地，光耀芬馥著人，五色相間，而美麗於中國之錦。

浮光錦

《杜陽雜編》：唐敬宗寶曆元年，高昌國獻浮光錦裘。浮光錦絲，以紫海之水染其色也。以五采絲蹙成龍鳳，各一千二百，絡以九色真珠。上衣之以獵北苑，爲朝日所照，光彩動摇，觀者炫目。上亦不爲之貴。一日馳馬從禽，忽值暴雨，而浮光裘略無霑潤，上方嘆爲異物也。

盤條繚綾

《唐書·李德裕傳》：德裕爲浙西觀察使，敬宗立詔，索盤條繚綾千匹。德裕奏言：立鵝天馬，盤條掬豹，文彩怪麗，惟乘輿當御。今廣用千匹，臣所未諭。願陛下裁賜節減，則海隅畢生受賜矣。優詔爲停。

六破錦

《唐書·代宗紀》：大曆六年四月，禁大繝竭錦、鏊六破錦及文紗、吴綾爲龍鳳、麒麟、天馬、辟邪者。

真珠絹

《舊唐書·文宗紀》：開成三年，日本國貢真珠絹。

蛇皮綾　竹枝綾　柿蔕綾

白帖蛇皮、竹枝、柿蔕，皆今時綾名。

唐土貢綾

《唐書·地理志》：滑靈昌郡土貢方紋綾。蔡汝南郡土貢四窠、雲花、龜甲、雙距、溪鶒等綾。徐州彭城郡土貢雙絲綾。袞州魯郡土貢鏡花綾、雙距綾。海州田海郡土貢綾。定州博陵郡土貢綢綾、瑞綾、兩窠綾、獨窠綾、二包綾、熟綫綾。揚州廣陵郡土貢獨窠綾。潤州丹陽郡土貢魚口繡葉花紋等綾。蘇州吴郡土貢八蠶絲緋綾。湖州吴興郡土貢御服馬眼綾。杭州餘杭郡土貢白編綾、緋綾。越州會稽郡土貢白編、交梭、十樣花紋等綾。明州餘姚郡土貢吴綾、交梭綾。

唐文官袍襖服

《唐書·輿服志》：文宗即位，定袍襖之制。三品以上服綾，以鶻銜瑞草，雁銜綬帶及雙孔雀。四品五品服綾，以地黄交枝。六品以下服綾，小窠無文及隔織獨織。

八丈闊幅絹

《墨莊漫録》：梓州，織八丈闊幅絹獻宫禁，前世織工所不能爲也。

方勝練鵲錦

《宋史·輿服志》：景德元年，始詔河北、河東、陝西三路運使副，並給方勝練鵲錦。

八梭綾

《雲仙雜記》引《摭拾精華》：鄴中老母村人織綾，必三交五結，號八梭綾，匹直米陸筐。

唐章服用織花綾

宋程大昌《演繁露》：白樂天聞白行簡服緋，有詩曰：「榮傳錦帳花聯萼，綵動綾袍雁趁行。」注云：緋多以雁銜瑞莎爲之，則知唐章服以綾，且用織花者，與今制不同。

錦被

《輟耕録》：孟蜀主一錦被，其闊猶今之三幅帛，而一梭織成。被頭作二穴，若雲版樣，蓋以叩於項下，如盤領狀，兩側餘錦則擁覆於肩，此之謂鴛衾也。楊元誠太史言，兒時聞尊人樞密公云，嘗於宋官庫見之。

蜀無縫錦被

《清異録》：莊宗滅梁平蜀，志頗自逸。命蜀匠旋織十幅，無縫錦爲被材，被成，賜名六合被。

樗蒲錦

《演繁露》：今世蜀地織綾，其文有兩尾尖削，而中間寬廣者，既不象花，亦非禽獸，乃遂名爲樗蒲。豈古制流於機織至此尚存也耶！

宋錦袍花色

□□□□乾道二年，户部言：左藏東西庫每歲所賜之袍，親王、宰執以全匹，餘裁裂給之，請皆照以全匹。上從之。又賜窄錦袍，有翠毛、宜男、雲雁細錦、獅子、練鵲、寶照大錦、寶照中錦，凡七等。

天下樂錦帳

宋曾紓《南遊記舊》：王介甫以次女適蔡卞。吴國夫人吴氏驟貴，又愛此女，乃以天下樂錦爲帳，未成禮而華侈之聲已聞於外。神宗一日問介甫：「卿，大儒之家，用錦幛嫁女？」甫諤然無以對。歸問果然，乃捨之開寶寺勝福閣下爲佛帳。明日再對，惶懼謝罪而已。

燈籠錦

宋邵伯温《聞見録》卷一：張貴妃侍仁宗上元宴於端門，服所謂燈籠錦者。上怪問，妃曰：「文彦博以陛下眷妾，故有此獻。」上終不樂。後潞公入爲宰相，台官唐介言其過及燈籠錦事。介雖以對上失禮遠謫，潞公尋亦出判許州，蓋上兩罷之也。或云燈籠錦者，潞公夫人遺張貴妃，公不知也。

宋進奉盤用錦綾

宋周密《高宗幸張府節略》：進奉盤合内匹帛一門，極金錦五十匹，素緑錦百五十匹，木錦二百匹，生花番經二百匹，暗花婺羅二百匹，樗蒲綾二百匹。

淳化帖宋錦帙

《堅瓠秘集》第五：錦向以宋織爲上。泰興季先生家藏《淳化閣帖》十帙，每帙悉以宋錦裝其前後。錦之花紋二十種，各不相犯。先生歿後，家漸中落，欲貨此帖，索價頗昂，遂無受者。獨有一人，以厚貲得之，則揭取其錦二十片，貨於吴中機坊爲樣，竟獲重利。其帖另裝他紵，復貨於人，此亦不龜手之智也。今錦紋愈出愈奇，可謂青出於藍而青於藍矣。

紹興御府書畫用刻絲及錦綾裝褾

《齊東野語》：思陵妙悟八法，留神古雅，當干戈俶擾之際，訪求法書名畫，不遺餘力。清閒之燕，展玩摹搨不少怠。蓋睿好之篤，不憚勞費，故四方争以奉上無虚日。後又於榷場購北方遺失之物，故紹興内府所藏不減宣政。惜乎鑒定諸人，如曹勛、宋貺、龍大淵、張儉、鄭藻、平協、劉炎、黄冕、魏茂實、任原輩，人品不高，目力苦短，凡經前輩品題者，盡皆拆去。故今御府所藏，多無題識，其原委授受、歲月考訂，邈不可求，爲可恨耳。其裝褾裁制各有尺度，印識標題具有成式。余偶得其書，稍加考正，具列於後，嘉與好事者共之，庶亦可想像承平文物之盛焉。

出等真蹟法書兩漢三國二王六朝隋唐君臣墨蹟並係御題僉各書妙字

用克絲作樓臺錦褾。青綠簟文錦裹。大薑牙雲鸞白綾引首。高麗紙贉。出等白玉碾龍簪頂軸或碾花。檀香木桿。鈿匣盛。

上中下等唐真蹟內中上等並降付米友仁跋

用紅霞雲錦褾。碧鸞綾裹。白鸞綾引首。高麗紙贉。白玉軸上等用簪頂，餘用平等。檀香木桿。

次等晋唐真蹟並石刻晋唐名帖

用紫鸞鵲錦褾。碧鸞綾裹。白鸞綾引首。蠲紙贉。次等白玉軸。引首後贉卷縫用御府圖書印，引首上下縫用紹興印。

鈎摹六朝真蹟並係米友仁跋

用青樓臺錦褾。碧鸞綾裹。白鸞綾引首。高麗紙贉。白玉軸。

御府臨書六朝羲獻唐人法帖並雜詩賦等內長篇不用邊道衣古厚紙不揭不背

用球路錦、衲錦、紅龜背錦、紫百花龍錦、皂鸞綾褾等。碧鸞綾裏。白鸞綾引首。玉軸或瑪瑙軸，臨時取旨。內趙世元鈎摹者，亦用衲錦褾，蠲紙贉，瑪瑙軸。並降付莊宗古鄭滋令，依真本紙色及印記對樣裝造，將元拆下舊題跋進呈揀用。

五代本朝臣下臨帖真蹟

用皂鸞綾褾。碧鸞綾裏。白鸞綾引首。夾背蠲紙贉。玉軸或瑪瑙軸。

米芾臨晋唐雜書上等

用紫鸞鵲錦褾。紫駝尼裏。楷光紙贉。次等簪頂玉軸。引首前後用內府圖書、內殿書記印，或有題跋，於縫上用御府圖籍印，最後用紹興印，並降付米友仁親書審定，題於贉卷後。

蘇黄米芾薛紹彭蔡襄等雜詩賦書簡真蹟

用皂鸞綾褾。白鸞綾引首。夾背蠲紙贉。象牙軸。用睿思東閣印、內府圖記。

米芾書雜文簡牘，用皂鸞綾褾，碧鸞綾裹，白鸞綾引首，蠲紙贉，象牙軸，用内府書印、紹興印。並降付米友仁定驗，令曹彦明同共編類等第，每十帖作一卷。内雜帖作册子。

趙世元鈎摹下等諸雜法帖

用皂木錦褾。瑪瑙軸或牙軸。前引首用機暇清賞印，縫用内府書記印，後用紹興印。仍將原本拆下題跋揀用。

六朝名畫横卷

用克絲作樓臺錦褾。青絲簟文錦裹次等用碧鸞綾裹。白大鸞綾引首。高麗紙贉。出等白玉碾花軸。

六朝名畫挂軸

用皂鸞綾上下褾，碧鸞綾託褾全軸。檀香軸杆。上等玉軸。

唐五代畫横卷皇朝名畫同

用曲水紫錦褾。碧鸞綾裹。白畫綾引首。玉軸，或瑪瑙軸内下等並謄本用皂褾、雜色軸。蠲紙贉。

唐五代皇朝等名畫挂軸並同六朝裝褫軸頭旋取旨

蘇軾文與可雜畫姚明裝造

用白大花綾褾。碧花綾裏。黄、白綾雙引首。烏犀或瑪瑙軸。

米芾雜畫横軸

用皂鸞綾褾。碧鸞綾裏。白鸞綾引首。白玉軸，或瑪瑙軸。

僧梵隆雜畫横軸陳子常承受

樗蒲錦褾。碧鸞綾裏。白鸞綾引首。瑪瑙軸。諸畫並用乾卦印，下用希世印，後用紹興印。

宋牡丹錦褾首

宋周密《雲烟過眼録》：王右軍與桓温薦謝玄帖真蹟，用繭紙書，字輕清，不類右軍。後有駙馬蔡瓘跋，楊和王故物也。牡丹錦標首，儼然著色畫，蓋宣和法錦也。

唐宋書畫用錦褾及綾引首託裏

元陶宗儀《輟耕録》：唐貞觀開元間，人主崇尚文雅，其畫皆用紫鳳綢綾爲表，緑文紋綾爲裏，紫檀雲花杵頭軸、白檀通身柿心軸。此外又有青、赤琉璃二等軸，牙籤錦帶。大和間，王涯自鹽鐵據相印。家既羨於財，始用金玉爲軸。甘露之變，人皆剥剔無遺。南唐則褾以迴鸞墨錦，籤以潢紙。宋御府所藏青紫大綾爲褾，文錦爲帶，玉及水晶、檀香爲軸。靖康之變，民間多有得者。高宗渡江後，和議既成，榷場購求爲多，裝褫之法已具《名畫記》及紹興定式，兹更不贅。姑以所聞見者，使賞鑒之士有考焉。

錦褾 克絲作樓閣，克絲作龍水，克絲作百花攢龍，克絲作龍鳳，紫寶階地，紫大花，五色簟文俗呼山和尚，紫小滴珠方勝鸞鵲，青緑蕈文俗呼闍婆，又曰蛇皮，紫鸞鵲一等紫地紫鸞鵲、一等白地紫鸞鵲，紫百花龍，紫龜紋，紫珠燄，紫曲水俗呼落流水，紫湯荷花，紅霞雲鸞，黄霞雲鸞俗呼絳霄，其名甚雅，青樓閣閣又作臺，青大落花，紫滴珠龍團，青櫻桃，皂方團白花，褐方團白花，方勝盤象，球路，衲，柿紅龜背，樗蒲，宜男，寶照，龜蓮，天下樂，練鵲，方勝練鵲，綬帶，瑞草，八花暈，銀鈎暈，紅細花盤雕，翠色獅子，盤球，水藻戲魚，紅遍地雜花，紅遍地翔鸞，紅遍地芙蓉，紅七寶金龍，倒仙牡丹，白蛇龜紋，黃地碧牡丹方勝，皂木。

綾引首及託裏　碧鸞，白鸞，皂鸞，皂大花，碧花，姜牙，雲鸞，樗蒲，大花，雜花，盤雕，濤頭水波紋，仙紋，重蓮，雙雁，方棋，龜子，方縠紋，鸂鶒，棗花，鑑花，疊勝，白毛遼國，回文金國，白鷲，花並高麗國。

蜀錦譜

費著元《蜀錦譜》：「蜀以錦擅名天下，故城名以錦官，江名以濯錦。」而《蜀都賦》云：「貝錦斐成，濯色江波。」《遊蜀記》云：「成都有九璧村，出美錦，歲充貢。宋朝歲輸上供等錦帛，轉運司給其費而府掌其事。元豐六年，吕汲公大防始建錦院於府治之東，募軍匠五百人織造，置官以蒞之，創樓於前，以爲積藏待發之所，榜曰錦官。公又爲記其略云：「設機百五十四，日用挽綜之工百六十四，用杼之工五十四，練染之工十一，紡繹之工百一十，而後足役。歲費絲，權以兩者，一十二萬一千。紅藍紫菿之類，以斤者二十一萬一千，而後足用。織室、吏舍、出納之府，爲屋百一十七間而後足居。」自今考之，當時所織之錦，其別有四：曰上贡錦，曰官告錦，曰臣僚襖子錦，曰廣西錦，總爲六百九十匹而已。渡江以後，外攘之務十倍承平。建炎三年，都大茶馬司始織造錦綾被褥，折支黎州等處馬價，自是私販之禁興。又以應天、北禪、鹿苑寺三處，置場織造。其錦自真紅被褥以下，凡十餘品。於是中國織紋之工，轉而衣衫椎髻駃舌之人矣。乾道四年，又以三場散漫，遂即舊廉訪司潔己堂創錦院，悉聚機户其中。猶恐私販不能盡禁也，則倚宣撫之力建請於朝，併府治、錦院爲一。俾所隸工匠，各以色額織造。蓋馬政既重，則織造益多，費用益夥，提防益密，其勢然也。今取承平時錦院，與今茶馬司錦院所織錦名色，著於篇，俾來者各以時考之。

轉運司錦院織錦名色即成都府錦院

上貢錦三匹花樣：八答暈錦。

官告錦四百匹花樣：盤球錦、簇四金雕錦、葵花錦、八答暈錦、六答暈錦、翠池獅子錦、天下樂錦、雲雁錦。

臣僚襖子錦八十七匹花樣：簇四金雕錦、八答暈錦、天下樂錦。

廣西錦二百匹花樣：真紅錦一百匹。大窠獅子錦、大窠馬大球錦、雙窠雲雁蜀錦、宜男百花錦。青緑錦一百匹。宜男百花錦、青緑雲雁錦。

茶馬司錦院織錦名色

《茶馬司須知》云：逐年隨蕃蠻中到馬數多寡，以用折傳，别無一定之數。

黎州：皂大被、緋大被、皂中被、緋中被、四色中被、七八行錦、瑪瑙錦。

敘州：真紅大被褥、真紅雙窠錦、皂大被錦、青大被褥。

文州：犒設紅錦。

細色錦名色

青絲瑞草雲鶴錦、青緑如意牡丹錦、真紅宜男百花錦、真紅穿花鳳錦、真紅雪花球露錦、真紅櫻桃錦、真紅水林檎錦、秦州細法真紅錦、紫皂段子、秦州中法真紅錦、真紅天馬錦、秦州粗法真紅錦、真紅聚八仙錦、四色湖州百花孔雀錦、真紅六金魚錦、二色湖州大百花孔雀錦、真紅飛魚錦、真紅湖州大百花孔雀錦、鵝黄水林檎錦。

按，費著元，華陽人，第進士，授國子助教。居母喪，哀毁骨立。歷漢中廉訪使，調重慶府總管。明玉珍攻城，遁居犍爲而卒。有《歲華記麗譜》，述成都風俗之勝。兄克誠，亦有時名。人稱成都二費。

蜀十樣錦

元戚輔之《佩楚軒客談》：客蜀時，製十樣錦名：長安竹、雕團、象眼、宜男、寶界地、天下樂、方勝、獅團、八傛韻、鐵梗蘘荷。

百尺深紅錦

《筠廊偶筆》：江南人於京師賣一錦一罽。錦闊三尺，長百尺，色深紅，文彩如畫。罽長闊與錦等，紅、黄、白、碧各一段，大類今世剪絨，鮮麗奪目，價千金。大宗伯王公崇簡以百五金購之，不能得。

附日本古染織物之大略

日本舊藏正倉院刊第九章之附記

一狩獵文紫地錦，長一尺六寸九分，廣一尺五寸三分。

一獅子花文紫地錦，長九寸四分，廣八寸五分。

一鳥花文紫綾，長八寸，廣七寸八分。

一羊花文及窠文錦，長八寸七分五釐，廣七寸。

一紫地藍色襴錦，廣二寸二分。

一鳳文緋纈纈，長徑九寸五分。

一綠鳥形纈纈絁，疑是天蓋垂一裹。

一橡地纈纈絁，袍殘缺，白絁裹一領。

狩獵文錦，以平行綫作輪廓二重。輪之内以小圓點連繫之，於上下、左右之中間，插入弓𨱎形一箇，大圈内全面上下、左右現馬上武裝之騎手，爲左右均齊的獅子狩圖。輪廓外部，點綴蔓草文、鳥獸等。此與法隆寺稱爲四天王紋旗之狩獵圖，並稱爲古代錦之雙璧。繪畫的狩獵圖，草木、人物、獸，巧妙化繪畫爲花樣。此種意匠，殆承波斯系統。然當時織錦之盛，有史可徵，傑作品之多，其爲日本所作，固不待言。

染織物白、皂、紅、紫諸色之布、經、絁、綾、羅、錦、繡之多般。樂舞用之裝束，有半臂襖子袴袍、接腰脛裳襪等類，其完全保存者不少。其他佛旛、几褥、樂器袋之殘缺，亦不可勝計。寶庫櫃中收藏，多數舞袍樂服之類。此等袍服，往往附記其所屬之樂名，有記作大歌之濃紫色闕腋袍。又有記作三臺者，與大歌同色而裁縫不同。著多數之小紐，其大部分地質損傷，殆手不可觸，擬以極細心之注意，收拾斷片聯合文樣及其縞目，貼在紙上，以保存之。此等袍服之整理，今後恐須數年，方得竣事。

蒐集袍服所記，可以知奈良朝幾多樂曲之名，不獨於衣服之考徵，可知其制度沿革，且可供染織之研究資料而已，在我樂史上放一綫之光明。

一綺 綺以繭絲織之，其廣不過二寸五分許，因其最狹，故用爲紐。有豎柳條，雜以種種之色彩，似纈錦。《天武紀》「四年四月」之條，有其朝服綺帶云云，可知綺爲日本固有之物。在錦之輸入以前，亦名爲錦，蓋加牟波多之謂。後世謂之真田織，其幅不廣，爲男子之帶，又稱爲真田紐。甚狹，皆以繭絲及木綿綫所織，恐爲綺之異製。

一綾　綾有花文之繒，冰文或斜文之織物。吴之工女謂之吴織。漢之工女，謂之漢織。

一錦　錦以青、黄、赤、紫之色絲，織成種種之文様，地質重厚且華麗。雄略天皇七年，遣使將還。百濟國之織工定安那，居河内國桃原，以織錦爲起原，後世稱上古錦爲河内錦，又稱韓錦。大化元年，自雄略朝經百七八十年，其所織出之錦頗爲發達，花紋亦甚精巧。車形錦、菱形錦、麒麟錦數種，即成於此時，支那人稱之爲神錦。天武天皇十年，新羅來使獻霞錦，即暈繝錦。元明天皇和銅四年，分遣織部司之挑文司，自伊勢、尾張之東國至伊豫、讚岐等二十一國，教授織錦，命諸國錦上之。至奈良朝與支那交通漸繁，新運來唐製之織物予我，機織界以好模範。寶庫所傳統物中有精巧華麗之錦裂地，其由來久矣。

一繧繝錦附繧繝彩色　繧繝者，本字書作暈繝，錦之名也。暈字爲日月之傘，如日月周圍之輪即現出之氣，以色絲織出。錦之周圍，濃色與中色、淡色幾重現出，如日月之暈是也。

又繧繝彩色，以黄、緑、紫、青等同色之繪具，次第濃塗。有朱繧繝、紫繧繝之名。朱繧繝彩色，塗以胡粉而爲限，取次塗濃肉色，次丹，次米，其他之色準此。彼稱爲繧繝緣者，謂取繧繝彩色之緣所疊成也。不但織錦，其應用於他器物之裝飾亦不少也。

垂仁天皇賜赤絹一百匹於任那國，可知當時已有染色業，三韓及支那之織工已漸來日。始以紅花染赤色，至推古天皇時代，染纈纈、夾纈、臈纈之工人輩出，至染出鳥獸、草花之物象。大寶之制，以紫茜、紅橡、黄蘗之染草爲調之副物，而使人輸納，不必皆外國傳來之法，即日本固有者而潤色之，其發達所由來也。《正倉院古文書》中詳記茜、橡、波士、木灰、酢糟等之染色原料。此文書雖無年月，想係天平時代之物。據《倭名鈔》：茜，可染緋之物；橡者，櫟之實；波士者，波邇黄櫨也；酢糟，亦染料必要之物；灰者，燒練槖藜等所作，或燒木葉所作。

寶庫之染織物，與西域所發見之物及近年新出土之古裂地相比較，染色織樣花文互有聯絡。寶庫之染織物，今日依然色彩如新，並無褪色，固是久經秘藏之故，然非精選色素之原料及卓試之技術，亦斷不至此。

附日本古染彩之釋名

日本小野善太郎著《日本古染彩之釋名》，其第十一章内有數條，如臈纈、夾纈、纐纈諸名色，論列甚詳，足供旁證。

一臈纈（蠟型染） 臈纈者，外邦所傳之巧藝，本國加以意匠而至大成之染彩美術也。日本上古臈與蠟通用，臈纈者，煮蠟而點花文之形於其上，由蠟身裂處浸入染汁，其所染者却呈美觀。試觀古代臈纈之現存者，雅趣横溢，非他織文所能及。奈良朝之文樣，花木鳥獸自在使用，寶相花正開，間以小鳥，其花鳥相親之光景，宛然如展開之一幅圖畫。

臈纈與夾纈染法大略相同，臈纈作法殆從夾纈而出。後世將其染入形，有糊置之法，臈纈漸廢。臈纈大抵爲單色染或二重染，又有爲染後之補彩者。今之中形染、小紋染、友禪染等，皆屬臈纈之支流。

二夾纈（板締染） 夾纈又名甲纈、押纈。夾之漢音與假，借爲同音之甲。夾纈者，於薄板上雕花抽出，以板二枚固，分以繒挾之，使不能動。於其雕空之處，注以染汁而染之。解開其板，花紋顯出。以寬幅全面爲二折，而覆以板，故染畢解板，花文左右相對，均齊若一。《二儀實録》云：「秦漢間有之，不知何人造，陳梁間貴賤服之。」可知起於漢梁，而爲六朝人所著用。陳梁當我欽明天皇，然秦漢來所製作爲一重染。此染法雖傳自支那，而五彩夾纈，日本却在支那之先。一説五彩夾纈始於支那唐玄宗時，代宗寶應二年敕宫中作之，當時此法甚秘。在我日本聖武天皇時代，染法大進，作種種之五彩花文，其物現存於寶庫。以此觀之，始施五彩，似在奈良朝以前，去代宗寶應二年不過數十年耳。故施五彩於夾纈，日本與支那各爲創造，至我先彼後則不可知。近世之封板染，無非傳夾纈之巧而已。

三纐纈（紋染）　纐纈自古讀爲「由布波太」。由布者，結也；波太者，布帛之總名也。以絲綫絞結布帛爲文彩，而浸以染汁，後解去絲綫，使被括約之部分免浸染而成斑文，與現行之絞染及鹿子絞相類。支那謂之魚子。纐纈字，《玉篇》、《字彙》、《五車韻》、《瑞增韻府》等皆未見，恐係日本所造之字。交字由絞之意而作纐字，纈字恐係日本所創。上古謂纐纈爲仁志岐。仁志岐者，以五色作成花紋云。布帛之謂，可稱爲染彩美術之纇纈。支那自古有之。日本亦從上古即有此創意，至奈良朝精巧至極，已爲希世之珍，其裂地用於繒或薄綾，爲當時所重，殆與錦爲同等。

附山繭椿繭

王西寧仲威鉞《暑窗臆説》「山繭」一條，甚悉，可補孫文定廷銓《山蠶説》所未及，輒録於此。《藥溪談記》：《禹貢》：「萊夷作牧，厥篚檿絲。」《爾雅》曰：「檿，山桑。」師古曰：「山桑之絲，其靭中琴瑟之絃。」蘇氏曰：「惟東萊有此絲，以之爲繒，堅靭異常。萊人謂之山繭綢。」《爾雅》又曰：「檿桑繭，譬由樗繭。今萊陽之山繭綢，蓋樗繭也。」按，山繭即《禹貢》之檿絲，今之山綢。樗繭，又別一種，乃今之椿綢也。樗不才木也，土人嫌其名，故借名椿，取《莊子》大椿之義。然則《爾雅》所云橡桑繭，即今山桑檿絲是也。譬由樗繭，今樗絲借名椿繭是也。山東謂樗爲臭椿。

諸城牛方儼云：山東青州、沂州等處有樹名柞音作，結實曰橡。子種之初，生篠則名曰櫟俗稱薄落，每於山嶺之地種植林密，越四五載，即可飼蠶。其葉尖長，兩側如鋸齒，蠶長二寸許，蜜色有毛。至春夏之交，飼者將種繭繫於櫟上，俟孵化即就葉食之，不勞人力。惟須嚴防蝦蟆、蛇等之害蟲耳。繭大常繭數倍，絲質堅韌，色微褐，織布曰山綢。惜土人拙於繅製，率以手旋錘捻，綫粗糙不堪。若有妙法，製之亦佳品也。《禹貢》云「厥篚檿絲」，實即指此。樗樹者，又名椿，土人復謂臭椿，以其皮有流汁如松脂，其臭臭故也。有蟲長二寸餘，色緑，體毛如束帚，專食其葉，人因其能吐絲作繭，稱曰椿蠶繭。形橢圓，作時即將上端繫葉，蔽之枝上，以防風雨之侵擾。以絲質較山繭細緻而略白，故布亦佳，名曰椿綢。特人多聽其自然，專飼者鮮耳。此兩樹之木質揣之，堅韌細膩皆不及桑，故其絲質比家絲亦遠遜焉。更有土繭者，不詳其族所自。始春末見杏樹上白蝶生子，孵化爲蟲，其體五色相間，遍生白毛，形殊醜惡，視椿蠶略小。人皆惡之，以其食葉而果亦傷也，争撲殺之。嗣有自樹下土中掘得繭者，土色，大似雞卵，較椿繭絲數倍，而蛹殊小，怪之。再遇有此蟲害，則放任之，俟其不食而離樹時預鋤鬆下土，果皆潛入，旬餘掘出，盡成繭矣。底與前者同。絲織爲衣，不特堅韌無匹，且潮濕、垢穢、油膩或摩擦皆無恙，人皆愛之，是亦有其物理之奇特者在也。有老人云：「得衣一襲，可不浣而衣百年。」其珍異概可想矣。惜此蟲所見亦罕，故研究者良少。其他若榆樹者有蟲，亦作土繭，惟薄小無用，乃又一種耳。

辨物二　織成

刻絲與織成，近代美術家謂爲今古之别，然自工作及物質言之，是一是二，尚待論定。《太平御覽·布帛部》，織成已别立一類，適在「刻絲織成代興之世」，今録入「辨物」，並以他書所紀，依類附益，藉考嬗遞之跡。

漢戚里織成

《御覽》引《西京雜記》：宣帝被收繫郡邸獄，臂上猶帶史良娣合采宛轉絲繩，係身毒國寶鏡一枚，大如八銖錢。及即位，常以琥珀笥盛之，緘以戚里織成，一曰斜文織成。

漢織成襦裳

《御覽》引《西京雜記》：趙飛燕爲皇后，其女弟昭儀在昭陽殿，遺飛燕書曰：「今日嘉辰，貴姊懋膺洪册，上襚三十五條，以陳踴躍之心。」内有織成上襦、織成下裳。

魏織成襪

《北堂書鈔》一百三十六引高文惠婦與文惠書云：今奉織成襪一緉。

按，高文惠名柔，魏人，《三國志》有傳。又《御覽》引襪作袜，一緉作一量。

魏大秦及西竺金織成

《御覽》引《魏略》：大秦國用水羊毛、木皮、野繭絲作織成，皆好色。

又，大秦國出金織成帳。

又引《廣雅》，天竺出細織成。

又引吴時《外國傳》，大秦國、天竺國皆金縷織成。

晉織成流蘇及織成衣

《御覽》引《晉後略》：張方兵入洛諸官府，大劫掠御實，織成、流蘇皆分割爲馬幭矣。

又引《晉令》，織成衣爲禁物。

晋錦織成佛像文字山水神仙雲鳳山禽猿鹿

宋米芾《書史》：朱長文收錦織成諸佛，闊四尺，長五六尺，上有織成牌子，題「晋永和年造」。與余家一古書囊織成山水神仙錦一同。雲鳳、山禽、猿鹿如畫也。

晋織成青襦

《御覽》引《搜神記》：陳節訪諸神，東海君以織成青襦一領遺之。

晋織成袴衫

《御覽》引《杜蘭香傳》：蘭香降南郡張碩，與碩織成袴衫。

晋石虎金簿織成　五文織成　金縷織成

《御覽》引《鄴中記》：石虎冬月施流蘇斗帳，懸金薄織成腕囊。

又，石虎皇后出女妓二千爲鹵簿，冬月皆著紫綸巾、蜀錦袴，脚著五文織成鞾。

又，石虎獵，著金縷織成合歡袴。

晉織錦璇圖詩

《晉書·列女傳》：竇滔妻蘇氏，始平人也。名蕙，字若蘭，善屬文。滔苻堅時爲秦州刺史，被徙流沙。蘇氏思之，織錦爲《回文旋圖詩》以贈滔。宛轉循環以讀之，詞甚悽惋。凡八百四十字，文多不録。

唐武則天敘蘇氏悔恨自傷，因織錦爲迴文，五彩相宣，瑩心輝目，縱廣八寸，題詩二百餘首，計八百餘言，縱横反覆，皆爲文章。其文點畫無缺，才情之妙，超今邁古，名曰《璿璣圖》。然讀者不能悉通，蘇氏笑曰：「徘徊宛轉，自爲語言，非我家人，莫之能解。」

明郎瑛《七修類稿》卷三十九：幼聞秦竇滔之妻蘇若蘭有《織錦璇圖詩》，言止八百，而詩可讀數百首。予以此特假文逞技，殆《玉連環》、《錦纏枝》之類歟！又聞成化間，北海仇東之色界句分其圖，成詩二百六十篇，心雖異而猶未信也。及見衍聖公藏本載：唐則天氏記云可讀二百餘篇，遂按圖求之，止可初讀數首而已。後見宋刻黄山谷序者云：楊文公讀至百五餘篇，題曰：「千詩織就迴文錦，如此陽臺暮雨何？亦有英靈蘇蕙子，只無悔過竇連波。」據是，可讀千首矣。予驚且嘆曰：是何女子之慧哉！殆鬼工耶？抑仙才耶？古今才子，亦有是思也耶？不可得而知也。又二十年，復得一本，乃皇朝起宗和尚經禪之暇，細繹是篇，分爲七圖一百四十七段，得三四五六七言之詩至三千七百首，星羅横布，燦然明白。某王府從而刻之，並具讀法。然其文之故典、人名、古詩、程語，絲紛網結，雖錯雜聯絡而音律暢協，反復成章也已。七言雖似牽强，而三四六言宛若天成者多矣。嗚呼，蔡琰、崔鶯不過一文婦耳，世傳慕之非以其行也。若蘭史載烈女文無可匹，真天壤間之異人耳。每詢士夫，圖亦罕見，況知其事者乎！特序而志之於蕙，略少抑揚，使他日讀者亦默而識之也。

按，此條雖未明言織成，而組成文字，實是織成，故録之於此。

梁織成屏風

梁簡文帝《烏棲曲》：織成屏風金屈戌。

陳織成羅文錦被裘

《陳書·宣帝紀》：太建七年夏，陳桃根表上，織成羅文錦被裘各二，詔於雲龍門外焚之。

唐五色織成背子

《中華古今注》：天寶年中，西川貢五色織成背子，玄宗詔曰：「觀此一服，費用百金，其後金玉珍異，並不許貢。」

唐織成蛟龍襖

唐段成式《寺塔記》：招國坊、崇濟寺後，有天后織成蛟龍披襖子及繡衣六事。

唐閃色織成裙

《通鑒》卷二〇九：唐安樂公主有織成裙，直錢一億，花卉、鳥獸皆如粟粒，正視旁視、日中影中，各爲一色。

唐衲袈裟

唐彦悰《三藏法師傳》卷七：貞觀二十二年秋七月景申夏罷，又施法師衲袈裟一領，價值百金。觀其作製，都不知針綫出入所從。帝庫内多有前代諸衲，咸無好者，故自教後宫造此，將爲稱意，營之數歲方成。乘輿四巡，恒將隨逐往。十一年，駕幸洛陽宫，時蘇州道恭法師、常州慧宣法師並有高行，學該内外，爲朝野所稱。帝召之。既至，引入坐言訖。時二僧各披一衲，是梁武帝施其先師，相承共寶，既來謁龍顔，故取披服。帝哂其不工，取衲令示，仍遣賦詩以詠。恭公詩曰：「福田資象德，聖種理幽薰。不持金作縷，還用綵成文。朱青自掩映，翠綺相氤氲。獨有離離葉，恒向稻畦分。」宣公詩末云：「如蒙一披服，方堪稱福田。」意欲之。帝並不與，各施絹五十匹。即此衲也。儔其麗絶，豈常人所服用，唯法師盛德當之矣。

按，段成式《寺塔記》：崇聖坊資金寺有「太宗賜三藏衲，約直百餘金，其工無針綖之跡」云云。不知與《三藏傳》所記之賜衲是一是二。然兩書皆謂無針綫跡，似又一時無兩也。玩其所記，精美華縟，殆與織成無異。至《御覽·布帛部》别立衲之一類，並不及此，而所收皆貧人故衣，似亦與此異。

唐織成褥段

《杜工部集》卷五：「太子張舍人遺織成褥段。客從西北來，遺我翠織成。開緘風濤湧，中有掉尾鯨。逶迤羅水族，瑣細不足名。客云充君褥，承君終宴榮。空堂魑魅走，高枕形神清。領客珍重意，顧我非公卿。留之懼不祥，施之混柴荆。服飾定尊卑，大哉萬古程。今我一賤老，短褐更無營。煌煌珠宮物，寢處禍所嬰。歎息當路子，干戈尚縱横。掌握有權柄，衣馬自肥輕。李鼎死岐陽，實以驕貴盈。來瑱賜自盡，氣豪直阻兵。皆聞黄金多，坐見悔吝生。奈何田舍翁，受此厚貺情。錦鯨卷還客，始覺心和平。振我粗席鹿，媿客茹藜羹。」

按，周亮工《書影》：「公是時在嚴武幕中，故借此猛諭明僭服之不祥，數奢淫之召禍，舉李鼎、來瑱以深戒之。朋友責善之道，可謂至矣。不然，辭一織成之遺，而後談自盡之禍，不疾而呻，豈詩人之意乎？」又《北堂書鈔》引《異物志》云：「大秦國以野繭絲織成氍毹，以群獸五色毛雜之，爲鳥獸、人物、草木、雲氣，千奇萬變，惟意所作。」又《廣志》：「氍毹，白氍毹織之，近出南海，織毛褥也。織成褥段，殆即此類。」

隋唐瓦官寺施物中之織成

明顧起元《客座贅語》：隋煬帝爲太子時，於仁壽二年別賜灌頂法師金縷成彌勒像，並夾侍菩薩、聖僧、周匝五十三佛，織成經襌七張，織成經袋二口。

按，《客座贅語》此條，係「陳後主沈后施物」之按語，名物甚多，今擇其有關織成者録之，餘從略。

唐玄宗賜安禄山之織成

唐姚汝能《安禄山事跡》卷上：天寶九載，禄山獻俘入京，玄宗賜物内，有夾頡羅頂額織成錦簾二領。

又，賜銀絲織成篣筐、銀織笊籬各一。

按，《安禄山事跡》内賜物繁夥，今擇其有關織成者録之，餘從略。

唐新羅女王德真織錦頌

《唐書·東夷列傳》卷二百二十：高宗永徽元年，攻百濟，破之。新羅女王德真織錦爲頌以獻，曰：「巨唐開洪業，巍巍皇猷昌。止戈成大定，興文濟百王。統天崇雨施，治物體含章。深仁諧日月，撫運邁時康。幡旗既赫赫，鉦鼓何鍠鍠。外夷違命者，翦覆被天殃。淳風凝幽顯，遐邇競呈祥。四時和玉燭，七曜巡萬方。維嶽降宰輔，維帝任忠良。三五成一德，昭我唐家光。」

按，《唐書》：新羅，弁韓苗裔也，居漢樂浪地。

唐織成蘭亭

宋桑世昌《蘭亭考》卷十一：《松窗雜録》載，元宗先天時所有異物如雷公鎖、辟塵犀、簪、暖金之類，凡十有三。西蜀織成《蘭亭敘》是其一也。

李濬《摭異記》：西蜀有織成《蘭亭》。

唐宋織成百子帳

《天禄志餘》：唐宋禁中大婚，以錦繡織成百小兒嬉戲狀，名百子帳。

宋織成連環詩

王士禎《秦蜀後記》：真定縣龍興寺閣西有藝祖畫像。又有宋鎮國軍節度使、特進檢校太尉、權知鎮州軍府事錢惟治織成連環詩九十首。

宋織成龍麟錦

《宋史·輿服志》：通天冠天版頂上，織成龍麟錦爲表，紫雲、白鶴錦爲裏。

按，此織成與錦並稱，殆以織成爲做法，錦爲名稱，可見織成即是錦之别名。

宋織成錦臂韝

宋王闢之《澠水燕譚録》：魯人李廷臣頃官瓊管，一日過市，有獠子持錦臂韝織成詩鬻於市者，取而視之，仁廟景祐五年，賜新進士詩云：「恩袍草色動，仙籍桂郷浮。」仁宗天章掞麗，固足以流播荒服，蓋亦仁德醲厚，有以深浹夷獠之心，故使愛服之如此也。廷臣以千文易得之。帖之小屏，致几席間，以爲朝夕之玩。

宋織成紅幡及經簾

宋范成大《吴船録》卷上：峨眉縣白水寺，有崇寧中宫所賜綫幡及織成紅幡等物甚多。又經簾織輪相、鈴杵器物及「天下太平，皇帝萬歲」等字於繁花縟葉之中。今不復見上等織文矣。

宋織成彌勒像

《圖書集成·僧部·列傳十一》引《指月録》：猛師果將到，織成彌勒像及九乳鐘留鎮之。

宋弓衣織成梅聖俞詩

歐陽修《六一詩話》：蘇子瞻嘗於淯井監得西南夷人所賣蠻布弓衣，文織成梅聖俞《春雪》詩。子瞻得之，因以見遺。余家藏琴一張，乃寶曆三年雷會所斲，遂以此爲琴囊。詩云：「朔風三月暗吹沙，蛟龍卷起噴成花。花飛萬里奪曉月，白日爛堆愁女媧。」

宋織成錦壽帕

姚際恒《好古堂家藏書畫記》：宋錦壽帕一方，中織成詩一首，曰「一幅鮫綃五彩鮮，雲孫織就不知年。霞明秋水天然麗，露浥春花分外妍。曾裹靈丹藏綺袖，每持壽酒獻華筵。殷勤更致長生祝，乞與蓬萊頂上仙。」行押書如錢大，圓勁有法。

元織御容及佛像又珠織制書

《元史·阿尼哥傳》：原廟列聖御容，織錦爲之，圖畫弗及也。

又，《唐仁祖傳》：成宗及位，奉詔督工織絲像世祖御容。越三年告成。

《元代畫塑記》：古之象物肖形者，五采章施五色，曰繪曰繡而已。其後始有范金、埏土而加之采飾焉。近代又有織絲以爲像者，至於今，其功益精矣。成宗皇帝大德十一年十一月二十七日，敕丞相脱脱、平章秃堅帖木兒等：成宗皇帝貞慈静懿皇后御影，依大天壽萬寧寺内御容織之。南木罕太子及妃，晋王及妃，依帳殿内所畫小影織之。又，英宗皇帝至治三年十二月十一日，太傅朵䚟、左丞善生、院使明理董瓦進呈太皇太后、英宗皇帝御容。汝朵䚟、善僧、明理、董阿即令畫畢復織之。

《元史·文宗本紀》：天曆二年十二月壬戌，織武宗御容成，即神御殿作佛事。

又，《仁宗本紀》：延祐三年八月戊戌，置織佛像工匠提調所，秩七品，設官二員。

又，至順三年五月，遣使往帝師所居撒思吉牙之地，以珠織制書宣諭其屬。

明織成大紅緞衣

《佩文齋詠物詩》二十三册：于慎行戊寅正月進講，賜大紅織成緞衣一襲。詩有「織成共識金梭巧」之句。

織成錦

宋犖《筠廊偶筆》下：同里楊滄嶼先生鎬奉使高麗，得瑪瑙桃一枚。上紅點如丹砂者七，以錦袱裹之，上織成六字云「此桃原現七星」。

歷代車服用織成

《後漢書·輿服志》：衣裳，玉佩備章采；乘輿，刺史、公侯、九卿以下，皆織成。陳留襄邑獻之。

《太平御覽》引《續漢書·輿服志》：虎賁武騎皆鶡冠虎文。單衣，襄邑歲獻織成虎文。《南齊書·輿志》：袞衣，漢世出陳留襄邑，宋末用繡及織成。建武中，明帝以織成重，乃采畫爲之，加飾金銀薄，世亦謂之天衣。

按,《説文》:錦,襄邑織文也。徐鉉曰:襄,雜色也。漢魏郡有縣,能織錦綺,因名襄邑。《漢志》:陳留郡襄邑縣有服官,陳留屬《禹貢》兖州,故書曰「厥篚織文」。正義曰:漢世,陳留襄邑縣置服官,使制作衣服。是兖州綾綿美也。《御覽·布帛部》引《陳留風俗傳》:襄邑縣南有涣水,北有睢水。傳曰:睢涣之間文章,故有黼黻藻錦、日月華蟲以奉天子、宗廟御服焉。《論衡·程材篇》:襄邑俗織錦,鈍婦無不巧者,日見之,日爲之手狎也。蓋漢魏以來錦綾爲襄邑職貢,厥後遂以織成擅名,以别於蜀地諸錦。然襄邑巧工不獨織,唐世漆工有襄樣節度之目,其盛况猶可想見。

又玉輅,漆畫輪,兩厢外織成衣,兩厢裏上施金塗縷鍱,刀格,織成手匡金花細錦衣。優遊下,隱膝,裏施金塗縷金釘,織成衣。龍汗板,裏邊鏤鍱璹瑁織成衣。斗蓋,油頂,絳系絡,織成。棨戟,織成衣。錦複黄絞鄣泥,紅錦毛帶,織成。

又,輦車,織成毛錦衣厢裏。

又,使相在外,加紅織成鞍複。

《宋史·輿服志》:宋初,袞服青色,日、月、星、山、龍、雉、虎蜼七章;紅裙,藻、火、粉米、黼、黻五章;紅蔽膝,升龍二。並織成,間以雲朵。

又，太祖建隆元年，制度令式。玄衣纁裳，十二章：八章在衣，日、月、星辰、山、龍、華蟲、火、宗彝；四章在裳，藻、粉米、黼、黻。衣褾、領如上，爲升龍，皆織就爲之。

又，仁宗景祐二年，改制袞冕。天版頂上，元織成龍鱗錦爲表，紫雲、白鶴錦爲裏。今製青羅爲表，采畫出龍鱗；紅羅爲裏，采畫出紫雲、白鶴。

又，冠身並天柱，元織成龍鱗錦，今用青羅，采畫出龍鱗、金輪等七寶。

又，絳紗袍，以織成雲龍紅金條紗爲之，大祭祀致齋，正旦、冬至、五月朔大朝會，大册命，親耕籍田皆服之。

《金史·儀衛志》：皇后褘衣，深青羅織成翬翟之形，素質，十二等，領、褾、襈並紅羅織成雲龍。中單，以素青紗製，領織成黼形十二，褾、袖、襈織成雲龍，並織紅造縠。裳，八副，深青羅織翟文六等，褾、襈織成紅羅雲龍，明金帶腰。蔽膝，深青羅織成三等，領、緣，緅色羅織成雲龍。明金帶大綬一，長五尺，闊一尺，黄、赤、白、黑、縹、緑六彩織成；小綬三色同大綬，間七寶細窠，施三玉環，上碾雲龍，撚金織成大、小綬頭。

《明史·輿服志》：大綬，六采黄、白、赤、玄、縹、緑織成，純元質，五百首。凡合單紡爲一系，四系爲一扶，五扶爲一首。小綬色同大綬，間施三玉環，龍文，皆織成。

辨物三　刻絲

五代刻絲金剛經

《秘殿珠林續編》著録乾清宫藏五代刻絲《金刚般若波羅密經》，縱九寸一分，横二丈二尺五分。末有「貞明二年九月十八日記」，有清高宗御筆題籤，稱爲珠林無上清供。收傳印有韓世能印、韓逢禧印。後幅梁詩正跋云：「宋刻絲作爲世所珍貴久矣，顧未聞創自何代。及觀此卷，乃知五代已有之。特其時制作較樸，至宋始益工麗如刻畫耳。夫古者太羹明水而後之作酒醴，陶匏土鼓而後世因之作笙簧，運會日開，智巧亦日出，此其刻絲之權輿乎？卷尾書梁貞明二年，迄今已歷千載，雖小有殘蝕而卷分完整，豈真神力呵護之耶？抑其製樸屬故能壽耶？亟應什襲珍之。舊物中若此種者，尤稀如星鳳矣。臣梁詩正謹識。」

按，清内府所藏刻絲已别輯一書，專爲著録。此品因是五代刻絲，故特入「辨物」，以冠全篇，藉明託始。

宋刻絲鞶囊

宋魏泰《東軒筆録》：李太后始入掖庭，纔十餘歲，惟一弟七齡。太后臨别，手結刻絲鞶囊與之，拊背泣曰：「汝雖淪落顛沛，不可失此囊。異時我若遭遇，必訪汝，以此爲物色也。」言訖，不勝嗚咽。後其弟傭於鑿紙錢家，然常以囊懸於胸臆，未嘗斯須身也。一日苦下痢，勢將不救，爲紙家棄於道左。有入内院子者見而憐之，收養於家。怪其衣服百結而胸懸鞶囊，因問之。具以告。院子愸然驚異，蓋嘗奉太后旨，令物色訪其弟也。院子復問其姓氏小字，世系甚悉，遂解其囊。明日，入示太后及具道本末。是時太后封宸妃，時真宗已生仁宗矣。聞之悲喜，遂以其事白真宗，遂官之爲右班殿直，即所謂李用和也。及仁宗立，上仙謚曰：「京懿召用和，擢以顯官，後至殿前都指揮使，領節鉞，贈西郡王，世謂李國舅者是也。」

宋刻絲蓼花立鳥圖

明《徐文長集》有《題宋刻絲蓼花立鳥圖》詩：「江上深秋景，偏於蘋蓼妍。娟娟啼葉鳥，淡淡入村烟。生色渾疑畫，微絲却是牽。精時愁吕紀，妙處失黄筌。久挂方知定，初驚只欲翩。天孫無限巧，乞與世人傳。」

宋刻絲仙山樓閣

高士奇《江村消夏録》「晋右軍王羲之袁生帖」條：外用宋刻絲裝褾，織成仙山樓閣。顔色秀麗，界畫精工，烟雲縹緲，絶似李思訓。雖筆墨追摹，恐未易到，非是帖不足以當之也。

安麓村《墨緣彙觀》「右軍王羲之袁生帖」條：外用《宋刻絲仙山樓閣》包首，古色淡雅，可稱佳品。

阮元《石渠隨筆》：王羲之《袁生帖》包手，宋刻絲一幅，舊藏泰興李氏。據高士奇以四百金購帖，三十金購包手。卞永譽亦云：《宋刻絲仙山樓閣》，文綺裝成，質素瑩潔，設色秀麗，界畫精工，烟雲縹緲，絶似李思訓。雖筆墨追摹，未易到耳。生平所見，惟此爲上上超品，非《袁生帖》不足當之也。余觀此刻絲，果極精妙，以他種宋刻絲相較，皆不能及。細審其絲縷，漿性少鬆，易致損壞，因令藝匠加漿裝治，今皆完美。

宋刻絲仙山樓閣

安儀周《墨緣彙觀·名畫卷下》著録《唐宋元寶繪高横册》，引首《宋刻絲仙山樓閣》一幅。白地本，小長幅，高一尺四寸六分，闊一尺。作仙山、樓閣、雲鶴、飛竹，下面山石層疊，猿猴、雙雉及牡丹、萱草之屬，甚爲淳古。

宋刻絲佛經

《石渠隨筆》：《宋刻絲佛經》一卷，極得筆情。刻絲畫當以《袁生帖》包手爲第一，字當以此經爲第一。

宋刻絲翠羽秋荷

《石渠隨筆·宋元集繪册》内第一幅，方幅，《宋刻絲翠羽秋荷》，爲最無上妙品。

宋刻絲大士

《好古堂家藏書畫記》：《宋刻絲大士》，古色陸離，極尊嚴之妙相。

宋刻絲榴花雙鳥

《好古堂家藏書畫記》：《宋刻絲榴花雙鳥》，花葉濃淡儼若渲染而成，樹皮細皴，羽毛飛動，真奇製也。面背如一，惟用「沈氏印」以爲識別，背則印文反也。

按，沈氏當是沈子蕃，與朱克柔同工。《石渠寶笈》著録諸品，皆用此印。

宋刻絲雲山高逸圖

卞永譽《式古堂書畫彙考》畫卷十五著録：原注小挂幅，織成青山、白雲、平坡、雙樹，高士枕棹中流，曠然俯仰，以刻絲而具六法，非朱……

按，「非朱」以下闕文，豈朱克柔邪？《式古堂》所著録者，止此一幅，其名貴可知。

宋刻絲香櫞秋鳥圖

《式古堂書畫彙考》畫卷三著録：《名畫大觀》第三册，引首藍地，長方本，組織如寫，運色簡貴，樹果生香，棲鳥欲起。對題方紙本張習志跋，與朱克柔牡丹本同文。

按，繆荃孫《雲自在龕筆記》亦載此跋。

宋刻絲花卉蟠桃圖

《近人筆記》：《宋刻絲花卉蟠桃圖》，原藏乾清宫，見《石渠寶笈》卷九。現高二尺二寸五分，廣一尺一寸九分，有「珍賞」、「珍秘」、「宜爾子孫」、「會侯珍賞」、「琴書堂」、「公字」、「信公珍賞」諸印。考《石渠寶笈》著録時，較高六寸五分，廣四寸三分，並少「吴煦印」織印，又「漢水會侯書畫之章」一印。而左上「丹誠」一印，有割裂痕，顯係將上部裁截挖出此章，移在五六寸之下。又中腰雲彩亦有碎綴痕跡，故尺寸較小。

宋刻絲月中攀桂圖

吴錫麒《有正味齋詞集》卷五《月邊嬌》：《宋刻絲月中攀桂圖》，集三硯齋賦。圈葉攢花，繞鏡檻紙邊，蟾波凝注。麝寒承袖，金寒籠釧，掩映五銖衫縷。秋心蹙碎，料不怨、美人遲暮。尋來樹底，怕溜下、宣和釵股。定是詠罷霓裳，衆仙歸去，更留遺譜。籠連鈿粟，回環繡絡，收拾許多風露。嫦娥宛在，且莫問、瓊樓今古。金針度否，乞一枝分與。

宋朱克柔刻絲蓮塘乳鴨圖

龐元濟《虚齋名畫録》卷七著録：刻絲本，五彩紅渠、白鷺、緑萍、翠鳥、子母鴨各二，游泳水中，間以蜻蜓、草蟲等類。高三尺三寸五分，闊三尺四寸。小款兩行，刻於青石上：「江東朱剛製蓮塘乳鴨圖」。隸書，「克柔」朱文。

宋刻絲龍魚圖

《虚齋名畫續録》卷一著録：絹本，團幅高七寸八分，闊七寸八分。水墨雲中一龍夭矯，龍首金顯，口噴涎水，勢如匹練直下，激成浪花。涎水中作一珠起落，一魚露牛身，騰躍昂首，作吞奪狀，神情畢尚。此圖深淺得宜，刻畫工緻，運絲如運筆，其爲宋製無疑。

宋刻絲雙龍抱籤

《虚齋名畫續録》卷一著録：《唐韓幹呈馬圖》卷首幅《宋刻絲黄地雙龍抱籤》，淡紅字，朱印。

宋刻絲仙山樓閣卷

李調元《諸家藏畫簿》：婁江王元美家藏，見《四部稿續稿》。

元紅克絲龜文袍

《續通志·器服略》：遼國服之制，小祀，皇帝戴硬帽則服紅克絲龜文袍。

明織洪武船符

汪遠孫《借閒生詩》卷二：洪武船佡，黄麻織成。高九寸，長尺八寸。雲龍爲闌，前織「皇帝聖旨，公差人員經過驛站，分持此符驗，方許應付船隻。如無此符，擅便給驛，各驛官吏不行執法，循情應付者，俱各治以重罪。宜令準此」。中織一船張帆而行。後織「洪武二十六年月日」。上蓋「制誥之寶」，其旁墨書「信字二百三十九號」。按《大明會典》：洪武二十六年定，凡在内公差係軍情重務及奉旨差遣給驛者，赴内府關領符驗，具給發各王府及各省都司、布政司，有十道、六道、五道不等。如有軍務，以多槳快船飛報。自嘉靖三十七年，改設内外勤合，佡驗遂不復用。《明史·輿服志》言其制：上織船馬之狀，起馬者用馬字號，起船者用水字號，起雙馬達字號，起單馬通字號，起站船信字號，則此起船驗也。今爲湯雨生參戎所藏，徵同人作詩。「雲螭尺幅四圍蟠，璽印芝泥厭尾丹。行澤用如龍製節，渡河呼到兕名官。蒼兕主舟楫，官名見《史記集解》。織成舟楫符堪驗，額定丁夫力豈殫。太息後來輕改易，紛紛駕帖出長安。」

明織嘉靖龍飛頌

《堅瓠補集》卷六：秦竇滔妻蘇若蘭《織錦璇圖詩》，言止八百耳。唐武則天記云：可讀二百餘篇。宋楊文公題曰：「千詩織就回文錦，如此陽臺暮雨何。」據是可讀千首矣。又起宗和尚細繹是編，分爲七圖，一百四十七段，得三四五六七言詩至三千七百首。讀者謂閨房笄褘濬發巧思，標奇鬥捷，窮極工妙如此，宜無有儷之者。而嘉靖五年三月，天台起復知縣潘淵進嘉靖《龍飛頌》，内外六十四圖，五百段，一萬二千章，效若蘭織錦迴文體。世宗以其文字縱横不可辨識，使寫正文再上。

明刻絲晝錦堂記滕王閣序

《格古要論》：古錦帳闊一尺有餘，多織《晝錦堂》、《滕王閣記》字，方四寸，又有小幅者，皆佐所目睹。亦有花竹翎毛者，雖富貴可愛，然但可裝堂遮壁，非士大夫清玩也。佐聞之鄉長老云：「吾邑太原坪下人織《畫錦堂記》，蓋前元時也。今泉州府、蘇州府又有織者，大小幅皆有，然不及古遠甚。」

明陳繼儒《妮古録》：吴中宣德間嘗織《畫錦堂記》如畫軸，或織詞曲聯爲屏幛，又有紫白落花流水，充裝潢卷册之用。宋人以墨絲織樓閣，精於刺繡，真古之所謂絲絶針絶。

明刻絲朝靴

姚元之《竹葉亭雜記》卷一：舊庫内陳物堆集，有明代物，年久無用，發崇文門變價。内有朝靴，以綵繒錦緞攢集而成，似緙絲。前作虎形，以皮金作睛，屈曲者爲雲氣，五色迷離，如廟中像。所著者亦有緙絲者，明帝之御物也，或朝或祀，或晏居，正不知何時著此，豈明制當如此耶？俟再考。

按，《明宫史》卷四《内臣服佩紀略》：靴，皂皮爲之，似外廷之製而底軟襯薄，其裏則布也。與聖上履式同，而前縫少菱角，各縫少金綫耳。頻加粉飾，敝則易之云云。其製雖不若姚記之華縟，亦可見其大致。

緙絲十大明王像

麟慶《鴻雪因緣圖記》：清江浦普應寺水陸事畢，相與坐談三學，適有以《緙絲十大明王像》來質者。佛、菩薩均變相，青面赤髪，盆嘴獠牙，豎眉努目，或三首六臂，或四首八臂。臂各擎蓮花鐘鈴、劍杵鐲槊，並日月輪火焰之屬。項挂髑髏，身著虎皮，脚踏天魔羅刹，牛鬼蛇神環伺左右，形狀奇怪，光彩陸離。旭亭墨溪亟稱龍象莊嚴，洵是名山法物。几谷能畫，以爲渲染合度，組織非凡。或有以醜惡爲言者，韫庵能歷數内典以相證。

嚴分宜所藏刻絲書畫

宋刻絲龍並牡丹共六軸。《天水冰山録》、《珊瑚網》、《畫據》、《諸家藏畫簿》著録。

元刻絲蚕朝詩四軸。《冰山録》、《珊瑚網》著録。

元刻絲翎毛並牡丹十軸。《冰山録》、《珊瑚網》、《藏書簿》著録。

元絲樓閣山水二軸。《冰山録》、《珊瑚網》、《藏畫簿》著録。
元織錦佛像並小景三軸。《冰山録》、《珊瑚網》、《藏畫簿》著録。
明織字畫錦堂一軸。《冰山録》、《珊瑚網》著録。
明刻絲翎毛六軸。《冰山録》、《珊瑚網》、《藏畫簿》著録。
明刻絲錦邊壽圖四軸。《冰山録》、《珊瑚網》、《藏畫簿》著録。
明刻絲牡丹一軸。《冰山録》、《珊瑚網》著録，但一軸作二軸，又多五色二字。《藏畫簿》與《珊瑚網》同。
明刻絲番馬圖一軸。《冰山録》、《珊瑚網》、《藏畫簿》著録。
明刻絲仙桃四軸。《冰山録》、《珊瑚網》、《藏畫簿》著録。
明刻絲東方朔四軸。《冰山録》、《珊瑚網》、《藏畫簿》著録。

按，分宜書畫以《天水冰山録》載目録爲最多，汪氏《珊瑚網》、《畫據》即就《冰山録》所載稍稍詮次，次序偶有先後，更無詳略之可言。至文嘉所撰《鈐山堂書畫記》，乃嘉靖乙丑任吉水學博時，受提學何賓涯鏜之檄，於分宜袁州南昌所藏，盡發以觀。當時漫記數目以呈，不暇詳別，重録一過，稍爲區分云云。李調元《諸家藏畫簿》所收，又較三家小有不同，所闕數事或以非精品而不收，亦未可知。今案記中絲繡品，祇有《宋繡龍舟争標圖》一種，而《冰山》、《珊瑚》兩書皆未之見，不知是該兩目共數之内，被其包括耶？抑原目有遺漏耶？然《冰山録》乃當日官書，似不至有遺漏，其在共數之内可想知。至其餘各縣繡品，不列文記，殆當時並不重視，且多係餽遺之品，故略而不載歟？

東朝崇養録著録緙絲品

乾隆御書萬壽頌緙絲圍屏一架。

袞龍繡藻緙絲金龍貂袍成件。

仙機雲錦緙絲團龍貂褂成件。

九天垂拱紫檀緙絲金龍寶座一張。

乾隆御書萬壽聯珠緙絲圍屏一架。

九重春色紫檀緙絲花鳥九屏一座。

昇平端拱紫檀竹式緙絲寶座一張。

山岳同安紫檀緙絲寶座一張。
海上銖衣宋緙絲仙人一軸。
雲霞組繡紫檀緙絲十二屏一座。
紫極凝禧紫檀緙絲寶座一張。
翠雲繡衮緙絲金龍貂皮袍褂成套。
清宴迎禧紫檀緙絲寶座一張。
絳霄呈瑞紫檀緙絲花卉九屏一座。
萬年保泰紫檀緙絲寶座一張。
紫微朝拱紫檀緙絲寶座一張。
蓬瀛春靄緙絲挂屏一件。
繡嶺珠淵緙絲挂屏一件。
紫蕚鋪霞緙絲挂屏一件。
四序欣榮緙絲挂屏一件。
春色長圓緙絲挂屏一件。

上苑聯芳緙絲挂屏一件。

雲綺成章紫檀緙絲九屏一件。

唐和履福紫檀緙絲寶座一件。

袞彩彰温緙絲金龍黑狐肷皮袍褂成套。

蓬瀛清景紫檀邊緙絲山水屏一件。

按，此目本載大興徐松著《東朝崇養録》。松於道光十七年扈從皇太后幸了髻山，在幕次。以前在史館時，於《宫史》及《敬事房檔册》迻寫。慈寧太后萬壽，高宗恭進九九典福帙，檢示同人，因編此書。民國丁巳，《清史》協修，仁和吴昌綬刊入《松鄰叢書》。爰就《宫史》覆校，並列刺繡諸品於次。

辨物四　刺繡

繡履

《中華古今注》：鞋子，自古即有，謂之履，絇繶皆畫五色。至漢有伏虎頭，始以布鞔繶，上脱下加，以錦爲飾。至東晋以草木織成，即有鳳頭履、聚雲履、五朵履。宋有重臺履。梁有笏頭履、分捎履、立鳳履、五色雲履。漢有繡鴛鴦履，昭帝令冬至日上舅姑。

五色繡裙

唐馮贄《南部烟花記》：梁武帝造五色繡裙，加朱繩真珠爲飾。

繡錦囊

宋范成大《吴船録》：江州西林重閣有張僧繇畫佛像，梁武帝蹙金繡錦囊。

靈谷寺誌公法被

《諸寺奇物記》：靈谷寺有寶誌公遺法被，四面繡諸天像，中繡三十三天、昆崙山星海。高一丈二尺，闊如之。齊梁時物。

按，《諸寺奇物記》，見《續説郛》卷二十六，爲明人遯園居士撰。此條又見明顧起元《客座贅語》。

繡羅襖子

《中華古今注》：宮人披襖子，蓋袍之遺象也。漢文帝以立冬日賜宮侍承恩者及百官披襖子，多以五色繡羅爲之，或以錦爲之，始有其名。煬帝宮中有雲鶴呢披襖子以燕居。

繡觀世音像

倫敦博物院《中國古物略·古畫類》：燉煌石室千佛洞藏唐繡觀世音像一大幅，長約盈丈，寬五六尺。觀世音中立，旁站善才韋馱，用極粗之絲綫繡像於粗紗布上。色未盡褪，全幅完好如故，誠奇珍也。

神絲繡錦被

《杜陽雜編》：唐同昌公主出降，有神絲繡被，繡三千鴛鴦，仍間以奇花異葉。其精巧華麗絶比，其上綴以靈粟之珠，如粟粒，五色輝煥。

繡西天衣

元吴萊《南海古蹟記》：唐六祖慧能剃髮受戒，寺内有屈眴布西天衣，繡内相，大如兩指。

舞衣繡一大窠

唐崔令欽《教坊記》：聖壽樂舞，衣襟皆各繡一大窠，皆隨其衣本色。製純縵衫，下纔及帶，若短汗衫者以籠之，所以藏繡窠也。舞人初出樂次，皆是縵衣。舞至二疊，相聚場中，即於衆中從領上抽去籠衫，各納懷中。觀者忽見衆女咸文繡炳焕，莫不驚異。

乾紅紫繡襖子

《大唐傳》載：于頔爲襄州，點山燈一，上油二千石。李昌夔爲荆南，打獵，大修裝飾。其妻獨孤氏，亦出女隊二千人，皆著乾紅紫繡襖子、錦鞍韉，北郡因而空耗。

武后賜狄仁傑金字袍

宋吴曾《能改齋漫録》云：《新唐書·狄仁傑傳》，后自製金字十二於袍，以旌其忠。其十二字，史不著。按《家傳》云：以金字環繞，五色雙鸞，文曰「敷政术，守清勤，昇顯位，勵相臣」。

按,《舊唐書·輿服志》:「則天天授二年二月,朝集使刺史賜繡袍,各於背上繡成八字銘。長壽三年四月,敕賜岳牧金字銀字銘袍。」此足知則天時之風尚。字數蓋以多爲貴也。

幃幌繡忍字

王仁裕《開元天寶遺事》:光禄卿王守和,未嘗與人有爭。嘗於案間大書忍字,至於幃幌之屬,以繡畫爲之。明皇知其姓字非時,引對曰:「卿名守和,已知不爭。好書忍字,尤其用心。」奏曰:「臣聞堅而必斷,剛則必折。萬事之中,忍字爲上。」帝善,賜帛以旌之。

唐繡大士像

姚際恒《好古堂家藏書畫記》:《唐繡大士像》,妙相天然,其布色施采,用綫凡三四層疊起,洵神針,簽標曰神針大士。

宋繡摩利支天喜菩薩

《好古堂家藏書畫記》:宋繡摩利支天喜菩薩一尊,爲四首十二臂,蓋仿陸探微畫本爲之，宋秘府物。身挂人頭念珠，每顆面貌殊别，種種神怪，不能殫述。

宋繡滕王閣景及王子安詩序

明汪砢玉《珊瑚網》、《畫據》、《弇州藏宋名家山水人物畫册》共二十有七，其末有高閣、燕思雪閣二幀。空繡滕王閣景，填以王子安詩。序其一，亦是閣景所繡。字有細若蚊脚，畫品精工之極。

髮繡滕王閣黄鶴樓圖

明姜紹書《韻石齋筆談》有夏永字明遠者，以髮繡成《滕王閣黄鶴樓圖》，細若蚊睫，侔於鬼工。唐季女仙盧眉娘於一尺絹上繡《法華經》七卷，明遠之製，庶幾近之。余遍考《博雅》，言無所謂夏明遠者，絶技如此，而姓字不傳可乎？因附著之。

按，夏明遠所作界畫樓閣，尺幅極精，日本收藏家藏有此本，並於《唐宋元明名畫大觀》影印。

宋繡石榴飛蝶圖

卞永譽《式古堂書畫彙考》畫卷之《名畫大觀》第三册，引首一素羅方本，繡石榴花二枝，一蝶集花上，一栩栩飛來，四角項氏印不録。

透繡襖子

《清異録》：明宗天資恭儉，因苦寒，左右進蒸黄透繡襖子，不肯服，索托羅氈襖衣之。

繡 袴

宋陸游《老學庵筆記》：祖妣楚國鄭夫人，有先左丞遺衣一篋，袴之繡者，白地白繡，鵝黄地鵝黄繡，裹肚則紫地皂繡。祖妣云，當時士大夫皆然也。

元繡詔書

《輟耕録》：累朝踐祚之始，必告天下。惟詔西番者，以粉書詔文於青繒，繡以白絨，網以真珠。至御寶處，則用珊瑚。遣使齎至彼國。

董其昌題顧壽潛妻韓希孟繡宋元名蹟方册

第一幅洗馬，題曰：「一鑑涵空，毛龍是浴。鑾逸九方，風横歕玉。屹然權奇，莫可羈束。逐電追雲，萬里在目。」

第二幅百鹿，題曰：「六律分精，蒼乃千歲。角峨而班，含玉獻瑞。拳石天香，咸具露意。針絲生瀾，繪之王會。」

第三幅女后，題曰：「龍衮煌煌，不闕何補？我后之章，天孫是組。璀燦五絲，照耀千古。孌兮彼姝，實姿藻黼？」

第四幅鶉鳥，題曰：「尺幅凝霜，驚有鶉在。毳動毹張，竦時奇彩。啄唼青蕪，風摇露灑。諦視思維，誰得其解？」

第五幅米畫，題曰：「南宫顛筆，夜來神針。絲墨盒影，山遠雲深。泊然幽賞，誰入其林？徘徊延佇，聞有嘯音。」

第六幅葡萄松鼠，題曰：「宛有章龍，待之博望。翠幄珠苞，含漿作釀。文鼯睍之，翻勝欲上。慧指靈孅，玄工莫狀。」

第七幅扁豆蜻蜓，題曰：「化身虫天，翩翾雙羽。逍遥凌空，吸露而舞。荳葉風清，伺伏何所？影落生綃，駐以仙組。」

第八幅花溪漁隱倣黄鶴山樵筆，題曰：「何必熒熒？山高水空。心輕似葉，松老成龍。經綸無盡，草碧花紅。一竿在手，萬疊清風。」跋曰：「在女紅而刺繡，猶之乎士行而以雕虫見也。然古來稱神絶，每自不朽，烏在針絲位中，不足千秋也者！廿年來，海内所以襲吾家繡蹟者，侔於雞林價重，而贗鼎餘光，猶堪令百里地無寒女之歎。第五綵一眩，工拙易淆，余内子希孟氏別具苦心，居常嗤其太濫。甲戌春，搜訪宋元名蹟，摹臨八種，一一繡成，彙作方册，觀者靡不舌撟手舞也。見所未曾，而不知覃精運巧，寢寐經營，蓋已窮數年之心力矣。宗伯師見而心賞之，詰余：「技至此乎？」余無以應，謹對以寒銛暑溽、風冥雨晦時弗敢從事；往往天晴日霽，鳥悦花芬，攝取眼前靈活之氣，刺入吴綾。師益託歎，以爲非人力也，欣然濡毫，惠題贊語。女紅末技，乃辱大匠鴻章！竊謂家珍决不效牟利態，而一行一止靡不與俱。伏冀名鉅，加之鑒賞，賜以品題，庶綵管常新，色絲永播，亦藝苑之嘉聞，匪特余誇耀於舉案間而已也。時在崇禎甲戌仲冬日，繡佛主人顧壽潛謹識。

按，董文敏所題本，爲蒼梧關伯珩收藏。又一本有「又村二酉」題識，爲啟鈐所藏，已著録《存素堂絲繡録》，並以顧韓希孟及顧繡諸名工收入《女紅傳徵略》。

宫花鶴補

宋犖《筠廊偶筆》：余過雍丘，謁劉文烈公理順祠，見明懷宗所賜宫花鶴補，精緻異常，云出自田妃手製。

嚴分宜所藏刺繡書畫

宋繡龍舟争標圖一軸，《鈐山堂書畫記》著録。

宋閻穀繡鷹一軸，《冰山録》、《珊瑚網》、《藏畫簿》著録。

宋牡丹繡鷹二軸，《冰山録》、《珊瑚網》著録。

宋繡觀音一軸，《冰山録》、《珊瑚網》、《藏畫簿》著録。

宋繡壽星並七子圖二軸，《冰山録》、《珊瑚網》著録。

宋繡滿地嬌一軸，《冰山録》、《珊瑚網》、《藏畫簿》著録。

宋繡山水人物並鶴鹿十一軸，《冰山録》、《珊瑚網》、《藏畫簿》著録。

元繡八仙慶壽圖，《冰山録》、《珊瑚網》、《藏畫簿》著録。

元納繡壽仙一軸，《冰山録》、《珊瑚網》、《藏畫簿》著録。

明納繡壽星二軸，《冰山録》、《珊瑚網》、《藏畫簿》著録。
明織金納絨壽圖四軸，《冰山録》、《珊瑚網》、《藏畫簿》著録。
明納絨彩鳳二軸，《冰山録》、《珊瑚網》、《藏畫簿》著録。
納紗仙人圖二軸，《冰山録》、《珊瑚網》、《藏畫簿》著録。
紙織東方朔一軸，《冰山録》、《珊瑚網》、《藏畫簿》著録。

東朝崇養録著録刺繡品

萬品同輝繡花燈一對。
八方綺合繡花燈一對。
佛沼層雲繡花燈一對。
湘臺四照繡花燈一對。
華井舒霞繡花燈一對。
鼇山露萼繡花燈一對。
瀛洲駢錦繡花燈一對。

緑波明月繡花燈一對。
九枝春艷繡花燈一對。
乾隆御書鴻稱集慶頌繡圍屏一架。
妙果添絲繡綫羅漢一册。
篔谷敷春文竹邊座繡花卉插屏一件。
壽春綿景紫檀邊座紅緞繡花鳥百壽圖圍屏一架。
芳箖絢彩文竹邊繡花卉屏一件。
仙都富貴紫檀邊繡牡丹花屏一件。
宜春淑序紫檀邊繡花鳥屏一件。
琪圃生香南繡挂屏一件。
五雲錦座文竹繡墩一件。
紫垣拱端紫檀繡花卉寶座一張。
璇極順和紫檀繡花卉寶座一張。
福房綏和紫檀邊座繡花卉五屏一件。

慶霄韶景紫檀邊座繡花卉五屏一件。
繡谷芳花紫檀邊座繡花卉五屏一件。
瑶池麗景彩漆繡花鳥五屏一件。
雲霄飛舞紫檀黄緞繡金龍九屏一件。
萬彙同春繡花卉九屏一件。
天和長泰繡迎手靠背坐褥一分。
安敦叶吉繡迎手靠背坐褥一分。
静怡自在繡迎手靠背坐褥一分。
山岳同安繡迎手靠背坐褥一分。
福壽康寧繡迎手靠背坐褥一分。
康寧永錫繡迎手靠背坐褥一分。
清寧集福繡迎手靠背坐褥一分。
華敷頤適繡迎手靠背坐褥一分。
集錦頤安繡迎手靠背坐褥一分。

凝和履泰繡迎手靠背坐褥一分。
錦圃生香紫檀繡詩意花卉九屏一分。
慶霄暖旭繡金龍緞錦袍褂成套。
絺繡含章繡金龍袷紗袍褂成套。
雲虬擁福繡黄緞金龍棉袍成件。
團圞集慶繡紅青八團金龍棉褂成件。
黄龍應瑞繡龍夾紗袍成件。
八寓隆平繡夾紗褂成件。
天和禔福繡迎手靠背坐褥一分。
雲機瑞錦繡緞綿袍成套。
龍綃五色繡袷紗袍褂成套。
錦圃生香紫檀繡詩意花卉九屏一座。
垂衣集慶繡迎手靠背坐褥一分。
按，《宫史》所載止乾隆十六年及二十六年兩次，而《東朝崇養録》更有三十六年一次。兩書所記，小有異同，今剌取備列，以資掌故。

清顧學潮繡字

蕭山張岱杉弧藏繡字一幅，高三尺餘，廣三尺許，繡《程子四箴》，繡款爲「吴門顧學潮謹書」。二印：一白文，「學潮時年七十有三」；一朱文，字曰「小韓」，乃乾隆五十四年所書。緞地藍絲，繡極平整。

按，顧小韓於乾隆五十年官浙江藩司，見梁恭辰《池上草堂筆記·勸戒四録》卷一。

沈壽美術繡目録

《萬年青圖》、《甘露降圖》、《壽星見圖》、《天錫純嘏圖》、《萬福來朝圖》、《松鶴圖》、《壽比南山圖》、《無量壽佛圖》五尺屏、《黑龍圖》横幅四、《仕女圖》立軸、《青緑山水》几屏二、《三馬圖》横屏。以上皆進呈慈禧皇太后。

《義皇肖像》、《義皇后肖像》、《耶穌臨難像》、《振貝子肖像》、《青緑水竹居圖》、《青緑獵犬圖》、《水墨一籃三貓圖》、《青緑黃鶯仕女圖》、《水墨八十一嬉子圖》、《青緑山水》、《紅袖添香圖》、《水墨戴鹿牀山水》、《水墨美國女優倍克像》、《青緑意妓悟道圖並記》。以上爲最近二十年來所繡。内耶穌像爲四十二歲時所繡。高二十英寸，寬十五英寸，橢圓形，價值美金萬三千元。曾赴巴拿馬賽會，運華後存南通張氏。倍克像爲四十六歲時所繡。倍克願以美金五千購去，未果。《一籃三貓圖》爲斗方式，均存張氏。以上皆見《余覺、沈壽夫婦痛史》。耶穌、倍克二像並有銅版。

張謇《女紅傳習所緣起》：古士庶服衣布帛而不華，大夫以上章服始有繡，則用繡之工少。春秋時漸侈矣，然《管子》猶曰：「女事無文章，國之富也。」又曰：「昔者桀之時，女樂三萬人，無不服文繡衣裳者。伊尹以薄之游女，工文繡纂組，市之一純，得其粟百種。」《管子》之言如此，其所以爲治也可知。當是時，齊富名天下，富則易侈。馴至兩漢，齊猶以世刺繡聞，齊之恒女莫不能繡。蓋距管子時又數百年，世俗日嚮文而趨於侈。觀齊之世習繡而有所市，當時之風尚，又不可知也。顧其時，女子無獨以繡名者有之，自王嘉《拾遺記》記吴主趙夫人兼機絶、針絶、絲絶，其絲絶能於方帛之上繡列國山川、地勢、軍陣之像。唐則有盧眉娘，能於尺絹繡《法華經》

七卷。近代則浙江顧氏露香園之繡稱最，世名顧繡。歐人所稱刺繡美術家，精巧不能過也，歐人自云亦然。是以其豪商巨室，欲得吾古時之名繡者，不惜以數千金易一幅，甚者萬計。吾國近固喈喈患貧矣。吾南通之女子，鄉居者大抵能以耕織佐生計，城市則習於逸而愈貧。昔嘗憂之，而未有策也。前清宣統三年，江寧開南洋勸業會，意固將以國有一切農工商業，與海外殊風異俗之倫相見，而因以通市，求一純百鍾之利。謇被推爲總審查長，得見吴縣余沈女士所繡義國君后像之賽品，歎其精絶。當是時，女士方總教京師農工商部繡科，負盛名。乃以所得露香園繡屬評其真贋。女士一見決爲真，因推道其針法，謂足爲師。會論他繡，復抉摘精微愜當，其公信而不自滿，假尤可敬。明年送邢、施兩女生就女士學，以傳其技。會民國成立，京師繡科解散，女士自立傳習所於天津。乃因女士夫冰臣孝廉延之，附於女師範學校設所傳習。三年八月，女士來任其事，授生徒二十餘人，成績皆可觀，益謀推授於凡女子。五年九月，移所城南，增速成科，訂章加詳焉。夫工繡亦非苟焉而已。方未送邢、施兩生於京師也，先示以兩生所合業，詢可教否。女士謂針法未能覘其藝能耐，是有專静之德者可教，兩生則固然。因歎女士能於藝事觀人，而識微有通乎道者。趙夫人、盧眉娘之繡，惜世不傳，末由聞女士揚搉精微之語也。益惜趙、盧當日不傳於人，徒悦世主，成絶藝之名，而無益於人世。則孰與夫負絶藝，能成名，能傳於後，而有益於人之爲廣耶？女士誠樂於教人矣，憤啟悱發，舉隅而反，視乎所受何如。諸生孰傳之，孰業而受其益，是在諸生。抑願諸生以女士論邢、施兩生者，陶淑其德性，不僅如齊恒女之能繡，生計云乎哉！

按，沈壽繡事，已詳《女紅傳徵略》及《雪宧繡譜》。兹紀其目録，並張謇《傳習所緣起》於此。

花鳥挂屏四

白緞地，高三尺，廣七寸五分。綵繡工筆花鳥，並繡七言詩二句。第四幅款曰「録詩句於長春花塢之玩月亭，女史玉田秋苹針繡」。朱文小印二，「吉」、「羊」。現存吴縣留園。

繪繡

鄧之誠《骨董瑣記》：予前記清代女子工繡者，頃見《坊書記》繪繡紅梅一幀，題七絶云：「絳雪紅霜壓樹斜，綺窗纔著兩三花。爲花寫照爲花祝，伴我清閨度歲華。」並識云：「窗外紅梅方垂垂著花，乃買絲爲花寫生，半月而成，落英滿地矣。」下未署款，唯鈐一「娟」字印，及押角一印，文曰「心血一縷」。可補前記所未及。

藝　文　叢　刊

第　五　輯

077	離騷草木疏（外一種）	〔宋〕吴仁傑
		〔明〕屠本畯
078	雲林石譜　素園石譜	〔宋〕杜　綰
		〔明〕林有麟
079	松雪齋文集	〔元〕趙孟頫
080	松雪齋詩集	〔元〕趙孟頫
081	書法離鈎	〔明〕潘之淙
082	景德鎮陶録	〔清〕藍　浦
		〔清〕鄭廷桂
083	鄒一桂集（上）	〔清〕鄒一桂
084	鄒一桂集（下）	〔清〕鄒一桂
085	閱紅樓夢隨筆(外三種)	〔清〕周　春
086	别下齋書畫録	〔清〕蔣光煦
087	龍眼譜（外二種）	〔清〕趙古農
088	學書邇言（外二種）	〔清〕楊守敬
089	鶴廬畫贅　鶴廬題畫録	顧麟士
090	**絲繡筆記**	**朱啟鈐**
091	喬大壯集	喬大壯
092	詞菿校注	羅仲鼎
		錢之江